Eine kurze Geschichte des Quantencomputers

TELEPOLIS

magazin der netzkultur

→ www.telepolis.de

Das Online-Magazin TELEPOLIS wurde 1996 gegründet und begleitet seither die Entwicklung der Netzkultur in allen Facetten: Politik und Gesetzgebung, Zensur und Informationsfreiheit, Schutz der Privatsphäre, wissenschaftliche Innovationen, Entwicklungen digitaler Kultur in Musik, Film, bildender Kunst und Literatur sind die Kernthemen des Online-Magazins, welche ihm eine treue Leserschaft verschafft haben. Doch TELEPOLIS hat auch immer schon über den Rand des Bildschirms hinausgesehen: Die Kreuzungspunkte zwischen realer und virtueller Welt, die »Globalisierung« und die Entwicklung der urbanen Kultur, Weltraum und Biotechnologie bilden einige der weiteren Themenfelder.

Als reines Online-Magazin ohne Druckausgabe nimmt TELEPOLIS damit eine einzigartige Stellung im deutschsprachigen Raum ein und bildet durch seine englischsprachige Ausgabe und seinen internationalen Autorenkreis eine wichtige Vermittlungsposition über sprachliche, geografische und kulturelle Grenzen hinweg. Verantwortlich für das Online-Magazin und Herausgeber der TELEPOLIS-Buchreihe ist Florian Rötzer.

Die TELEPOLIS-Bücher basieren auf dem Themenkreis des Online-Magazins. Die Reihe schaut wie das Online-Magazin über den Tellerrand eingefahrener Abgrenzungen hinaus und erörtert Phänomene der digitalen Kultur und der Wissensgesellschaft.

Eine Auswahl der bisher erschienenen TELEPOLIS-Bücher:

Andreas Lober
Virtuelle Welten werden real
Second Life, World of Warcraft & Co:
Faszination, Gefahren, Business
2007, 174 Seiten, 16 €

Stephan Schleim
Gedankenlesen
Pionierarbeit der Hirnforschung
2008, 184 Seiten, 18 €

Rainer Sommer
Die Subprime-Krise und ihre Folgen
Von faulen US-Krediten bis zur Kernschmelze des internationalen Finanzsystems
2009, 232 Seiten, 19 €

Stefan Weber
Das Google-Copy-Paste-Syndrom
Wie Netzplagiate Ausbildung und Wissen gefährden
2., aktualisierte Auflage
2009, 196 Seiten, 16 €

Klaus Schmeh
Versteckte Botschaften
Die faszinierende Geschichte der Steganografie
2009, 246 Seiten, 18 €

Matthias Brake
Mobilität im regenerativen Zeitalter
Was bewegt uns nach dem Öl?
2009, 154 Seiten, 16 €

Stefan Selke, Ullrich Dittler (Hrsg.)
Postmediale Wirklichkeiten
Wie Zukunftsmedien die Gesellschaft verändern
2009, 256 Seiten, 19 €

Matthias Becker
Datenschatten
Auf dem Weg in die Überwachungsgesellschaft?
2010, 182 Seiten, 16,90 €

Lothar Lochmaier
Die Bank sind wir
Chancen und Perspektiven von Social Banking
2010, 160 Seiten, 15,90 €

Harald Zaun
S E T I – Die wissenschaftliche Suche nach außerirdischen Zivilisationen
Chancen, Perspektiven, Risiken
2010, 320 Seiten, 19,90 €

Stefan Selke, Ullrich Dittler (Hrsg.)
Postmediale Wirklichkeiten aus interdisziplinärer Perspektive
Weitere Beiträge zur Zukunft der Medien
2010, 256 Seiten, 19,90 €

Stephan Schleim
Die Neurogesellschaft
Wie die Hirnforschung Recht und Moral herausfordert
2011, 218 Seiten, 18,90 €

Astrid Auer-Reinsdorff, Joachim Jakobs, Niels Lepperhoff
Vom Datum zum Dossier
Wie der Mensch mit seinen schutzlosen Daten in der Informationsgesellschaft ferngesteuert werden kann
2011, 182 Seiten, 16,90 €

Marcus B. Klöckner
9/11 – Der Kampf um die Wahrheit
2011, 218 Seiten, 16,90 €

Hans-Arthur Marsiske
Kriegsmaschinen – Roboter im Militäreinsatz
2012, 252 Seiten, 18,90 €

Nora S. Stampfl
Die verspielte Gesellschaft
Gamification oder Leben im Zeitalter des Computerspiels
2012, 128 Seiten, 14,90 €

Jörg Friedrich
Kritik der vernetzen Vernunft
Philosophie für Netzbewohner
2012, 176 Seiten, 16,95 €

Alexander Dill
Dein Staat gehört Dir!
Ein Abschiedsbrief an das Wutbürgertum
2013, 184 Seiten, 16,90 €

Nora S. Stampfl
Die berechnete Welt
Leben unter dem Einfluss von Algorithmen
2013, 124 Seiten, 14,90 €

Christian J. Meier

geboren 1968, promovierter Physiker und freier Journalist, beschäftigt sich mit den Themen Quantencomputer und Quantentechnologie seit Jahren und berichtet darüber für verschiedene Medien, unter anderem für die Neue Zürcher Zeitung, bild der wissenschaft, Berliner Zeitung, Frankfurter Rundschau, Spektrum.de und VDI nachrichten.

Er hat viele der führenden Köpfe auf dem Gebiet interviewt, darunter Anton Zeilinger (Spitzname »Mr. Beam«), Scott Aaronson, Rainer Blatt, Immanuel Bloch oder Ignacio Cirac und verfügt daher ein umfassendes Wissen aus erster Hand. Ein Sachbuch hat er bereits verfasst: »Nano – wie winzige Technik unser Leben verändert« (über Chancen und Risiken der Nanotechnologien, erschienen im primus-Verlag).

Christian J. Meier

Eine kurze Geschichte des Quantencomputers

Wie bizarre Quantenphysik eine neue Technologie erschafft

Heise

Reihenherausgeber: Florian Rötzer, München, fr@heise.de

Lektorat: Dr. Michael Barabas
Copy-Editing: Susanne Rudi, Heidelberg
Satz und Herstellung: Friederike Dieferbacher-Keita und Susanne Bröckelmann
Umschlaggestaltung: Hannes Fuß, www.exclam.de
Druck und Bindung: M.P. Media-Print Informationstechnologie GmbH, 33100 Paderborn

Bibliografische Information der Deutschen Nationalbibliothek
Die Deutsche Nationalbibliothek verzeichnet diese Publikation in der Deutschen Nationalbibliografie; detaillierte bibliografische Daten sind im Internet über http://dnb.d-nb.de abrufbar.

ISBN:
Buch 978-3-944099-06-4
PDF 978-3-95788-998-0
ePub 978-3-95788-999-7

1. Auflage 2015

5 4 3 2 1 0

»Vielleicht werden Quantencomputer unser tägliches Leben in diesem Jahrhundert genauso radikal verändern, wie es der klassische Computer im vergangenen Jahrhundert getan hat.«

Nobelpreiskomitee 2012,
bei der Verleihung des Preises an die Quantenphysiker
Serge Haroche und David Wineland

Inhaltsverzeichnis

Vorwort 1

1 **Atomwaffe des Informationszeitalters** 5

Warum interessieren sich ein Geheimdienst, eine Datenkrake und eine Raumfahrtorganisation für Quantencomputer?

2 **Zauberformeln** 19

Wie vermeintlich unnütze Wissenschaften mehrmals die Welt umwälzten. Kommt jetzt das Quantenzeitalter?

3 **Von geisterhaften Golfbällen, Fotos im Dunkeln und einer toten Katze, die lebt** 29

Einführung in die rätselhafte Welt der Quantenphysik

4 **Geisterpartikel im Flashspeicher und erste Babysteps zum Quantencomputer** 57

Wie werden die unbegreiflichen Phänomene der Quantenphysik heute schon technisch genutzt?

5 **Rechnen mit Chloroform, Ionen oder Licht** 87

Wie geht die Entwicklung des Quantencomputers voran?

6 **Codeknacken, superschnelle Datensuche und sicheres Cloud Computing** 123

Werden Quantencomputer einmal allgegenwärtige Superrechner sein oder ein Nischenprodukt für einige Spezialanwendungen?

7 **Der Quantencomputer im Laub** 145

Das Leben kontrolliert die Quantenphysik: Wie Pflanzen, Tiere und Menschen die bizarren Quantengesetze nutzen

8 **Der erste Quantencomputer rechnet seit 14 Milliarden Jahren** 155

Forscher rätseln, wie so komplexe Dinge wie das Gehirn entstehen konnten. Manche von ihnen sagen: Die Quanten haben's programmiert

9 **Fazit** 167

Index 175

Vorwort

Am Anfang der Recherchen zu diesem Buch stand eine Frage: Warum werden Millionen Euro an Fördergeld in eine Technik investiert, die das Internet unsicher machen wird?

Gemeint ist der Quantencomputer. Also ein Rechner, der die Gesetze der Quantenphysik nutzt, um harte Nüsse zu knacken, vor denen sogar Etagen füllende Superrechner die Waffen strecken.

Noch streiten Forscher darüber, welche hochkomplexen Rechenaufgaben ein Quantencomputer überhaupt knacken wird. Nur eines ist sicher: dass Quantencomputer die heute gängigen Verschlüsselungsverfahren aushebeln werden. Sie sind so etwas wie die Atombombe der Informationsgesellschaft. Der Nutzen einer solchen Maschine ist also höchst fragwürdig.

Als Physiker fasziniert mich die Idee, sich die bizarre Welt der Elementarteilchen technisch zunutze zu machen. Ein Computer, der viele Lösungswege gleichzeitig beschreitet und der in einer gigantischen Datenbank durch einmaliges Hinsehen die Lösung findet? Toll!

In erster Linie bin ich aber kritischer Journalist. In dieser Rolle erinnert mich das Ganze an Friedrich Dürrenmatts Komödie »Die Physiker«, in der es um die Frage der Verantwortung der Wissenschaft geht. Handeln die Entwickler von Quantencomputern fahrlässig? Sollten sie die Welt nicht mit dieser destruktiven Idee verschonen?

Die Realität in den Labors rund um den Globus verneint die letzte Frage. Seit Jahren ist der Quantencomputer ein hippes Forschungsthema. Jährlich erscheinen mehrere Hundert wissenschaftliche Publikationen zum Thema, im Wochentakt berichten die Medien über einen neuen Babystep auf dem langen Weg zum Quantencomputer.

Jahrelang habe ich die Entwicklung beobachtet und immer besser verstanden, warum Forscher sich diesem Projekt hingeben. Der faszinierendste Grund, einen Quantencomputer zu bauen: Man kann es. Physiker haben es geschafft, einzelne Atome, Elektronen oder Lichtteilchen zu manipulieren und zu kontrollieren. Sie sprechen Elementarteilchen individuell an und verstehen, was diese antworten. Die Forscher haben ihre technischen Ohren so weit geschärft, dass sie das Wispern der winzigsten Bausteine des Universums vernehmen. Und sie haben ihre Sprachrohre so weit fokussiert, dass sie die Winzlinge, gegen die ein Staubkorn aussieht wie das Matterhorn, sozusagen mit Namen ansprechen können.

Diese wie Zauberei anmutende Kontrolle öffnet das Tor zu einer ganzen Reihe neuer Techniken, nicht nur Quantencomputer. Ähnliches geschah in der Technikgeschichte schon öfter. Forscher verstehen bestimmte Naturphänomene und Ingenieure beuten dieses Wissen aus, um die Welt zu verändern. Im 19. Jahrhundert erkannte der schottische Physiker James Clerk Maxwell, dass es elektromagnetische Wellen gibt. Er ebnete damit den Weg zu Rundfunk, Fernsehen und Mobilfunk.

Vieles deutet darauf hin, dass nun eine neue Ära der Informationstechnik ansteht, deren Flaggschiff der Quantencomputer ist, die aber auch neue, abhörsichere Techniken der Kommunikation und Datenverarbeitung sowie sehr kleine und empfindliche und daher breit verwendbare Sensoren umfasst.

Wieder ist es eine Umwälzung im Verständnis der Welt, die den Boden für diese neue technologische Stufe bereitet hat: die Quantenphysik, entwickelt in den ersten Jahrzehnten des 20. Jahrhunderts.

Der Quantencomputer ist demnach nicht einfach nur ein neuer, schnellerer Rechner, sondern eine gänzlich neue Art, Information zu verarbeiten. Er tickt wie die Materie selbst tickt, da er aus den gleichen Bausteinen aufgebaut ist, nämlich aus Atomen sowie subatomaren Teilchen.

Damit ausgerüstet, werden Forscher und Ingenieure umfassender und gezielter als heute in der Lage sein, Materie auf der Ebene einzelner Atome zu manipulieren. Ein mögliches Resultat sind neue Materialien mit bislang ungesehenen Eigenschaften, wie sie in der Natur nicht vorkommen.

Obwohl auf dem Weg dahin Hürden warten, vielleicht auch unüberwindbare, halte ich die Entwicklung der Quantentechnik, wie Physiker sie bereits nennen, und im Besonderen des Quantencomputers für so einschneidend, dass sie dem interessierten Laien zugänglich gemacht werden sollte.

Deshalb schreibe ich dieses Buch, in dem ich versuche, die Quantenphysik hinter der Quantentechnik laienverständlich und anschaulich zu erklären. Darauf aufbauend erfährt der Leser die Geschichte des Quantencomputers, auf welch faszinierende Weise er arbeitet und wie weit die Entwicklung der

Hardware ist. Ich versuche auszuleuchten, wozu so ein Rechner in der Lage sein wird und wozu nicht. Es wird um die Hürden gehen, die die Forscher bereits genommen haben, und um jene, die noch auf sie warten.

Am Ende wird der Leser die eingangs gestellte Frage beantworten können – und eine Menge Neues über die bizarre Welt der Quanten und ihre Bedeutung für die Alltagstechnik der Zukunft gelernt haben.

Christian J. Meier

Darmstadt, im Januar 2015

1 Atomwaffe des Informationszeitalters

Warum interessieren sich ein Geheimdienst, eine Datenkrake und eine Raumfahrtorganisation für Quantencomputer?

»Das Unsympathische an den Computern ist, dass sie nur Ja oder Nein sagen können, aber nicht Vielleicht.«

Demnächst überholtes Zitat von Brigitte Bardot

Angriffslustig klingt er, der Name des Programms, mit dem die NSA die moderne Welt entschlüsseln will. Das Herz des 80-Millionen-Dollar-Forschungsprojekts »Durchbrechen harter Ziele« schlägt in raumgroßen und strahlungssicheren Metallboxen am Labor für Physikalische Wissenschaften in College Park (US-Bundesstaat Maryland).[1]

Der US-Geheimdienst will jene digitalen Schlösser knacken, die Banküberweisungen, Kartenzahlungen, E-Mail-Verschlüsselungen, Online-Einkäufe, Reisepässe, digitale Signaturen und vieles mehr vor Online-Kriminalität, Lauschangriffen und neugierigen Blicken schützen. »Durchbrechen harter Ziele« plant einen vernichtenden Angriff auf die Vertrauensbasis des Internets: die Verschlüsselungstechnik RSA.[2]

RSA ist wie eine Einbahnstraße: Es ist leicht und schnell, Daten damit zu *ver*schlüsseln. Sie ohne Besitz des Schlüssels wieder zu *ent*schlüsseln hingegen gleicht einer Wanderung um die Welt, bei der man alle Hauptstädte besuchen will – ein Leben reicht dafür bei Weitem nicht. Zwar könnte der PC eines Angreifers *im Prinzip* aus RSA-verschlüsselten Bits und Bytes die ursprüngliche Information berechnen, indem er ein bestimmtes mathematisches Verfahren

1 NSA seeks to build quantum computer that could crack most types of encryption, Washington Post, Januar 2014. http://www.washingtonpost.com/world/national-security/nsa-seeks-to-build-quantum-computer-that-could-crack-most-types-of-encryption/2014/01/02/8fff297e-7195-11e3-8def-a33011492df2_story.html?hpid=z1

2 RSA steht für »Rivest, Shamir und Adleman«, den drei Erfindern des Verfahrens.

ausführt. Doch diese Methode ist derart rechenintensiv, dass sie indiskutabel lange dauert: Der PC bräuchte mehr Zeit als das Alter des Universums, sprich: Milliarden von Jahren.

Eine Maschine, die RSA sehr viel schneller knackt, wäre ein »gigantisches Desaster«, wie es der Informatiker und Mathematiker Johannes Buchmann von der Technischen Universität Darmstadt ausdrückt. »Es gäbe keine sichere Verbindung zu eBay, amazon oder anderen Diensten mehr«, sagt der Experte für IT-Sicherheit. Zertifikate und digitale Signaturen könnten leicht gefälscht werden, fügt er hinzu. Somit könne ein Smartphone oder ein PC die Vertrauenswürdigkeit des Absenders von Updates nicht mehr sicherstellen. »Ein Angreifer könnte ein Update vorgaukeln und auf einen Streich zwei Milliarden Festplatten löschen«, warnt Buchmann.

Ein RSA-Knacker wäre also, zugespitzt formuliert, die Atomwaffe des Informationszeitalters. Und die NSA will sie als Erste in der Hand haben. Deshalb entwickelt der Geheimdienst in College Park einen *Quantencomputer*. Denn für diese grundsätzlich neue Art von Rechner ist RSA keine unüberwindliche Hürde, sondern eine leichte Übung. Zumindest in der Theorie.

Eine neue Physik, die dem gesunden Menschenverstand spottet

Was sind Quanten? Im Folgenden ein kurzer Überblick. Im Kapitel 3 werden wir die seltsamen Quanten-Phänomene, die sich technisch nutzen lassen, etwas näher kennenlernen.

Die Geschichte der Quanten beginnt mit dem deutschen Mathe- und Physikgenie Max Planck. Nach seinem Abitur erhielt er den Rat, trotz seiner großen mathematischen Begabung *nicht* Physik zu studieren. Ende des 19. Jahrhunderts sah man nämlich darin nicht viel Sinn: In der Physik gebe es nichts wesentlich Neues zu entdecken, das Gebäude dieser Wissenschaft sei fertiggebaut, vom Keller bis zum Dachfirst.

Was für ein Riesenirrtum!

Gut, dass Planck dem Rat nicht folgte, denn er selbst erschütterte die Fundamente der so genannten *klassischen* Physik. Vor Plancks bahnbrechender Erkenntnis dachten Physiker, Licht transportiere Energie in einem gleichmäßigen Strom, ähnlich wie ein Fluss ein Wasserrad in einen kontinuierlichen Rundlauf versetzt. Planck fand aber heraus: Mutter Natur liefert Licht in winzigsten Energiepaketen. In unserem Bild würde das bedeuten, dass der Fluss das Wasserrad in übergangslosen Sprüngen weiterdreht. Eine bizarre Vorstellung.

Plancks Energiepakete erhielten den Namen Quanten. Mit ihrer Entdeckung öffnete der Physiker die Tür in die Welt der Atome, Moleküle und Elementarteilchen. Denn ohne Quanten ist der *Mikrokosmos* nicht zu verstehen. Für die kleinsten Bausteine des Universums ist die klassische Physik so etwas wie eine rote Ampel für römische Autofahrer: Sie halten sich nicht daran. Sie gehorchen anderen Gesetzen. Planck legte den Grundstein für einen ordentlichen Anbau am Gebäude der Physik, wie sich bald nach Plancks Durchbruch im Jahr 1900 zeigen würde.

Der Begriff »Quanten« ist abgeleitet vom Lateinischen »quantum«, was »wie viel« oder »wie groß« heißt. Quanten sind also etwas Zählbares im Gegensatz zu etwas Kontinuierlichem. Man kann nicht am Flussufer sitzen und das Wasser zählen, das vorbeifließt. Aber man kann am Straßenrand stehen und zählen, wie viele Autos vorbeifahren. Das Wasser im Fluss ist ein Kontinuum, der Verkehrsfluss hingegen ist »gequantelt«, wie Physiker sagen.

Mit hochempfindlichen Messgeräten können Forscher tatsächlich *zählen*, aus wie vielen Lichtquanten ein schwacher Lichtstrahl besteht. Die Lichtquanten nennen sie Photonen. Man kann sie sich als *Teilchen* vorstellen, aus denen sich der Lichtfluss zusammensetzt. Jedes Photon einer bestimmten Farbe, z. B. rot, trägt exakt gleich viel Energie wie ein anderes Photon dieser Farbe. Photonen unterschiedlicher Farben tragen unterschiedliche Energie, ein rotes Photon z. B. weniger Energie als ein blaues.

Nicht nur Licht besteht aus Quanten, wie Physiker in der Folgezeit erkannten. Überall in der Welt der Elementarteilchen zeigen sich die Quanten, also physikalische Größen, die sich nicht kontinuierlich änderten, sondern abrupt, übergangslos.

Ein einfaches Beispiel zur Illustration: Mit einem Regler können Sie die Lautstärke der Musik stufenlos verändern, je nachdem, ob Sie AC/DC oder Harfenmusik hören. Mit dem Lautstärkenregler ändern Sie also die Energie der Schallwellen *kontinuierlich*. Es gibt aber auch Musikanlagen, bei denen die Lautstärke nur in Stufen verändert werden kann. Hier ändert sich die Energie der Schallwellen jeweils um bestimmte Beträge.

Atome oder Moleküle können Energie ebenfalls nur in festgelegten Portionen aufnehmen oder abgeben, deren Größe von der Art des Atoms oder Moleküls abhängt. Der Energieinhalt eines Atoms oder Moleküls ist also auf ähnliche Weise gequantelt wie der eines Lichtstrahls. Die Natriumdampflampen in vielen Straßenlaternen demonstrieren dies jede Nacht: sie leuchten gelb, weil die Natriumatome in ihnen keine andere Wahl haben, als eine bestimmte Energiemenge abzugeben. Dies tun sie in Form von Photonen, deren Energiemenge genau der Energiedifferenz zwischen den Stufen im Natriumatom entspricht. In diesem Fall sind das eben gelbe Photonen.

Andere geniale Physiker wie Werner Heisenberg und Erwin Schrödinger beschrieben das Verhalten der Quanten mit mathematischen Formeln. In den 1920er Jahren entwickelten sie eine nagelneue Theorie namens *Quantenphysik*. Sie war – und ist – eine *echte Prüfung* für das, was man »gesunden Menschenverstand« nennt. Denn die Quantenphysik musste verrückt anmutende Annahmen über die Natur der kleinsten Teilchen formulieren, damit sie deren Verhalten umfassend und widerspruchsfrei beschreiben konnte (siehe Kapitel 3).

In diesem Buch werden wir Wundern der Quantenphysik begegnen. Wir werden Schalter kennenlernen, die gleichzeitig an und aus sind. Atome, die ohne den Transport von Materie von A nach B reisen, als hätte Scotty persönlich den Schieberegler des Transporters bedient. Teilchen, die sich ohne den geringsten Zeitverlust quer durch das Universum miteinander verständigen, als beherrschten sie die Telepathie.

Allerdings interessiert uns daran weniger die Physik, sondern die technische Anwendbarkeit. Denn das ist das Erstaunliche an der Quantenpyhsik: Trotz ihrer Geisterhaftigkeit, die dem Laien nicht nur unglaublich, sondern vor allem weltfremd und alltagsfern erscheint, erweitert die Quantenphysik das Spektrum des technisch Machbaren enorm.

Möglich ist das, weil Erscheinungen der Quantenwelt, so bizarr sie auch daherkommen mögen, nicht willkürlich sind, sondern sich an mathematische Formeln halten. Physiker und Ingenieure spielen seit Jahrzehnten in oft aufwendigen Experimenten mit der Quantenphysik und haben gelernt, sie zu beherrschen. Sie haben eine Intuition für die merkwürdige Welt der Quanten entwickelt, die ihnen als Quelle neuer Kreativität dient. Sie denken darüber nach, wie sich die Quantenphysik nutzen lässt, und entwickeln atemberaubende Technologien. Dem neuen Flügel am Gebäude der Physik folgt nun, rund 100 Jahre später, ein neuer Flügel am Gebäude der Technologie. Er heißt »Quantentechnologie«.

Die Forscher ähneln einem inzwischen fortgeschrittenen Klavierspieler. Als Anfänger klimpert er die Töne eines Liedes mehr oder weniger einzeln ab, das Ganze klingt nicht flüssig. Mit der Zeit beherrscht er die Klaviatur besser und kann immer komplexere Lieder nicht nur fehlerfrei, sondern auch immer flüssiger und immer lebendiger wiedergeben. Irgendwann fängt er an, die

Klaviatur zu nutzen, um eigene Ideen darauf zu verwirklichen. Er spielt selbst komponierte Stücke, die immer anspruchsvoller werden. Er ist vom Reproduzent zum Produzent geworden und hat das Gebäude der Musik erweitert.

Dämmert eine Quanten-Ära voller technischer Wunder?

»Aus Philosophie wird Technologie«, drückt Tilman Pfau von der Universität Stuttgart diesen Wandel aus. Aus abstrakten Formeln werden Geräte. Forscher üben immer mehr Kontrolle über Atome, Moleküle oder Elementarteilchen aus. Ingenieure übernehmen die dafür nötigen Technologien und versuchen, sie für den Alltag nutzbar zu machen. Im englischen Sprachraum gibt es längst Institute für »quantum engineering«, was man in etwa mit Quanten-Ingenieurswesen übersetzen könnte. Phänomene der Quantenphysik, die auf den »gesunden Menschenverstand« wie pure Zauberei wirken, sollen gezähmt und für die Technologie nutzbar gemacht werden. Mit weitreichenden Folgen, wie wir noch sehen werden.

Ein weiterer Grund für den Eintritt in die Ära der Quantentechnik ist die Triebkraft des Informationszeitalters selbst, die die Quantentechnologie quasi als ihre logische Konsequenz vorzeichnet: das »Moore'sche Gesetz«. Auf herkömmlichen Computerchips aus Silizium verdoppelt sich dank immer weiter verbesserter Herstellungstechniken die Anzahl der Schaltkreisbauelemente etwa alle ein bis zwei Jahre. Fanden sich auf einem Mikroprozessor Anfang der 1970er Jahre lediglich wenige Tausend Transistoren (das sind winzige elektronische Schalter, mit deren Hilfe ein Computer rechnet), waren es im Jahr 2011 schon mehr als zwei Milliarden, also etwa eine Million mal mehr! Ohne das Moor'sche Gesetz wären wir im Alltag nicht von Computerchips umgeben. In einem Smartphone steckt heute ein Computer, der einen Superrechner aus den 1970er Jahren in die Tasche stecken würde.

Dafür mussten die einzelnen Transistoren von Chipgeneration zu Chipgeneration natürlich extrem schrumpfen. Heute sind sie nur noch wenige Nanometer (Millionstel Millimeter) breit, das ist etwa ein Zehntausendstel der Dicke eines Haares. Wenn Transistoren auch in Zukunft im gleichen Tempo weiter schrumpfen sollen, dann werden sie in den 2020er Jahren die Größe weniger Atome oder Moleküle erreichen. Erforscht wird heute schon die Möglichkeit, Transistoren aus einzelnen Molekülen zu bauen. Weil Atome und Moleküle Quantenobjekte sind, benehmen sie sich nach den Regeln der Quantenphysik. Es liegt also nahe, die Quantenphysik für das Rechnen zu nutzen, sprich: Quantencomputer zu bauen.

Der Quantencomputer ist das Herz der Quantentechnologie, ebenso wie Mikrochips das Fundament der heutigen technischen Welt sind. Denn Information treibt den Globus an. Und der Computer ist ein Tausendsassa der Informationsverarbeitung. Mikrochips steuern PCs, Macintoshs, Smartphones, aber auch Waschmaschinen, Automotoren, Industrieroboter, Fernseher etc. Mit anderen Worten: Ohne das Moore'sche Gesetz sähe unsere komplette technische Zivilisation völlig anders aus. Verschwänden auf einen Schlag die Milliarden von leistungsstarken Prozessoren in Fingernagelformat, hätte ein Großteil der Maschinen um uns herum ihr Gehirn verloren.

In der Welt der Quantentechnologie wird der Quantencomputer eine ähnliche Rolle spielen. Auch er verarbeitet Information. Allerdings nutzt er dafür die Gesetze der Quantenphysik und das macht ihn zu einer völlig neuen Kategorie von Computern. Auf noch sehr viel kleinerem Raum wird er noch sehr viel mehr Rechenleistung konzentrieren können als ein Mikrochip, der die Grenzen der klassischen Physik einhalten muss. Denn jedes einzelne Elementarteilchen kann Informationen parallel verarbeiten. Die Teilchen sind zudem geniale Teamarbeiter: Sie addieren ihre Kräfte nicht nur, sondern potenzieren sie, wie wir noch sehen werden. Eine überschaubare Zahl von Teilchen kann daher astronomisch viel Information parallel verarbeiten. Schon eine Ansammlung von Atomen, die zusammen kaum mehr Raum einnimmt als ein Virus, kann im Prinzip die eingangs erwähnte RSA-Verschlüsselung knacken. Ein Etagen füllender Supercomputer braucht dafür Jahre. Gelingt der Bau eines Quantencomputers, wird er ein wirklich großer Wurf in der Informationsverarbeitung sein.

Der allerdings auch seine Grenzen haben wird. Ob ein Quantencomputer ähnlich universell sein kann wie ein Mikrochip, also ähnlich vielseitig einsetzbar, ist Gegenstand aktueller Forschung. Bislang sind sich die Forscher nur darin sicher, dass ein genügend großer Quantencomputer in der Lage sein wird, die RSA-Verschlüsselung zu knacken, im Wesentlichen, indem er alle möglichen Schlüssel parallel ausprobiert (wie das funktioniert, werden wir noch sehen).

Nicht nur die NSA arbeitet am Quantencomputer. Weltweit basteln Physiker seit den neunziger Jahren daran. Bislang gibt es in ihren Labors nur Prototypen, die sich zu einem praxistauglichen Quantencomputer, der wirklich eine Gefahr für den Schlüssel zur digitalen Welt wäre, verhalten wie einer der handgebastelten mechanischen Rechner des Computerpioniers Konrad Zuse zu einem Gigahertz-Prozessor. Auch der Quantencomputer, den die NSA entwickelt, ist nach Expertenmeinung bisher nicht über einen Status hinausgekommen, der mehr ist als ein Beweis, dass Quantenrechnen *im Prinzip* funktioniert. Dafür, dass der Quantencomputer *tatsächlich* schneller rechnen kann, haben sie immerhin erste Hinweise.[3]

Definition »Quantencomputer«

Zur Klärung, was in diesem Buch mit »Quantencomputer« gemeint ist, hier eine formale Definition:

Das ist ein Computer, der Gesetze der Quantenphysik nutzt, um einen erheblichen Geschwindigkeitsvorteil bei der Lösung von Aufgaben gegenüber einem Rechner zu erzielen, der auf die Möglichkeiten der klassischen Physik begrenzt ist.

Der Quantencomputer kann bestimmte, besonders schwierige und komplexe Aufgaben in einer annehmbaren Zeit lösen, für die ein klassischer Rechner unpraktikabel lange Zeit benötigt. Er kann Lösungen finden, die bislang trotz Supercomputern unzugänglich bleiben.

Dieses Buch will die Geschichte des Quantencomputers, seine Zukunft, was er können wird und was nicht in einer laienverständlichen Form präsentieren. Auf die Blumen am Wegesrand, sprich Quantentechnologien, die leisten, was nach den Gesetzen der klassischen Physik unmöglich wäre, werde ich ebenfalls eingehen.

Unter diesen »Blumen« wird die so genannte Quantenkryptographie eine zentrale Rolle spielen. In einer Zeit der Totalüberwachung durch die NSA, aber auch des hemmungslosen Datenhungers von Google, Amazon und anderen Internetdiensten wird Privatheit zu einem teuren Gut und Internetsicherheit zu einem hoch brisanten Thema. Zwar untergräbt der Quantencomputer diese Sicherheit auf eine fast angsterregende Weise. Auf der anderen Seite aber bieten die Gesetze der Quantenphysik eine Art »eingebaute« Abhörsicherheit. Sie machen es einem Lauschangreifer unmöglich, unentdeckt zu bleiben. Die Quanten ermöglichen Suchmaschinen, deren Betreibern die Fragen der Nutzer zwangsläufig unbekannt bleiben. Diese Spielarten der Quantentechnologie lassen auf eine Zukunft hoffen, in denen Internetnutzer entspannter mit ihren Daten umgehen werden als heute möglich.

---

3 Enrique Martín-López et al., Nature Photonics 6, 773 (2012)

Bereits existierende Quantentechnologie

Ich werde aber nicht nur über die Zukunft berichten. Quantentechnologie gibt es bereits im Alltag. Ein Beispiel dafür trägt fast jeder längst in der Tasche: in Gestalt des so genannten Flash-Speichers, allgegenwärtig in USB-Sticks, Digitalkameras, Notebooks, Smartphones oder MP3-Playern. Flash-Speicher nutzen den so genannten Tunneleffekt, ein typisches, den Alltagserfahrungen zuwiderlaufendes quantenphysikalisches Phänomen, das wir in Kapitel 3 kennenlernen werden.

Zu kaufen gibt es auch schon Geräte, die Nachrichten mithilfe der Quantenphysik verschlüsseln. Die kommerzielle Quantenverschlüsselung steckt allerdings noch in den Kinderschuhen und kämpft mit kurzer Reichweite und geringen Bandbreiten. China hält diese Hürden aber für mittelfristig überwindbar. Es will nämlich bis 2030 ein weltweites Quantennetzwerk aufbauen.

Die Quantenverschlüsselung hat den zusätzlichen Charme, dass sie Schutz nicht nur für eine gewisse Zeit garantiert. Während die RSA-Verschlüsselung immer wieder ausgebaut werden muss, weil die Computer immer leistungsfähiger werden, ist die Quantenverschlüsselung, auch Quantenkryptographie genannt, von Natur aus sicher: Der Lauscher wird in jedem Fall bemerkt. Lediglich die technische Umsetzung dieses Prinzips kann lückenhaft sein und einem Lauscher, der keinen Aufwand scheut, doch noch Möglichkeiten geben.

Verbesserte Websuche und optimal geplante Raumfahrtmissionen

Auch einen Quantencomputer gibt es bereits zu kaufen, wie wir gleich sehen werden. Zumindest ist es nach Meinung des kanadischen Herstellers D-Wave Systems ein Quantencomputer.

Google und die NASA haben bereits mit Millionenbeträgen auf die Versprechen des Quantencomputings gewettet. Rund 15 Millionen Dollar haben sie gemeinsam für den Computer von D-Wave Systems ausgegeben. Im Jahr 2014 engagierte Google zudem den weltweit renommierten Quantencomputer-Spezialisten John Martinis von der University of California in Santa Barbara. Der Rüstungskonzern Lockheed Martin ließ sich die Maschine plus Upgrade 20 Millionen Dollar kosten.

Experten streiten sich darum, ob der Computer der Firma D-Wave-Systems tatsächlich ein Quantencomputer ist. Der Physiker Matthias Troyer von der Eidgenössischen Technischen Hochschule Zürich testete die Maschine und bestätigte, dass sie Phänomene der Quantenphysik zum Rechnen benutzt.[4]

Aber einen Geschwindigkeitsvorteil gegenüber herkömmlichen Rechnern hat sie bei den bislang ausgeführten Testaufgaben noch nicht bewiesen. »Das bedeutet aber nicht, dass es diesen Geschwindigkeitsvorteil nicht gibt«, meint Troyer. Woher er seine Zuversicht nimmt, werden wir noch sehen.

Eine Gefahr für den RSA-Code stellt der Rechner von D-Wave-Systems jedenfalls nicht dar, denn dafür ist er nicht konzipiert. Es gibt aber neben dem Schlüsselknacken auch noch andere Aufgaben, die Quantenrechner, zumindest theoretisch, mit geheimnisvoller Schnelligkeit lösen sollen. Und es gibt verschiedene Phänomene der Quantenphysik, die sich zum schnellen Rechnen nutzen lassen. D-Wave-Systems nutzt ein einfacheres, leichter zu kontrollierendes Verfahren als Physiker in ihren Labors. Daher kann die Firma bereits einen Quantencomputer verkaufen, während Akademiker noch an rudimentären Prototypen basteln.

Google, die NASA und Lockheed Martin wollen ganz vorne dabei sein, wenn die Quantenphysik der Rechnerwelt neue Flügel verleiht. Das Risiko, im Falle eines Scheiterns ein paar Millionen Dollar zu verlieren, spielt dabei offensichtlich eine untergeordnete Rolle.

Der Datenkrake aus Kalifornien will dem Quantencomputer beibringen, selbstständig zu lernen. So will das Unternehmen die riesigen Datenmengen besser in den Griff kriegen, mit denen seine Suchmaschine hantiert. Dies soll die Internetsuche verbessern. Auch die Spracherkennung soll der Quantencomputer voranbringen.

Eine weitere Anwendung ist die Auswertung von Bildern. Der Quantencomputer soll lernen, auf ihnen bestimmte Objekte zu erkennen: Häuser, Autos, Kanaldeckel, was auch immer. Anhand von Beispieldaten studiert der Rechner die Verarbeitung von Daten nach bestimmten Regeln ein. Den D-Wave-Computer haben die Google-Forscher bereits programmiert, Autos auf beliebigen Bildern zu detektieren.[5]

NASA-Wissenschaftler forschen in eine ähnliche Richtung. Sie haben die D-Wave-Maschine anhand von Bildern des Weltraumteleskops Kepler getestet, welche die Tiefen des Alls zeigen. Die Frage ist: Findet der Quantencomputer darin bislang unentdeckte, Lichtjahre entfernte Planeten? Mit Quantencom-

---

4 Boixo, S. et al.: Nature Physics, Vol. 10, 218–224 (2014)

5 http://googleresearch.blogspot.de/2009/12/machine-learning-with-quantum.html

putern, so hoffen sie, wird man »tiefer in die vom Teleskop übermittelten Daten eintauchen können«.

Forscher entdecken die fremden Planeten, wenn diese auf ihrer Bahn vor ihrem Heimatstern vorbeiziehen. Dann verdunkelt sich der Stern ein kleines bisschen, aber messbar. Erdähnliche Planeten lassen sich wegen ihrer Kleinheit allerdings nur schwer entdecken. Denn sie verdunkeln den Stern minimal, sodass die Helligkeitsabnahme normalerweise geringer ausfällt als das Rauschen der Messdaten. Mit dem Quantencomputer sollen solche in den Daten versteckten Planeten dennoch entdeckt werden. Bislang hat der Rechner von D-Wave-Systems allerdings nur bereits durch die herkömmliche Methode entdeckte Welten gefunden, aber keine noch bislang verborgenen.[6]

Blitzschnelle Suche nach der besten Alternative

Die NASA will zudem eine möglichst effiziente Raumfahrtlogistik entwickeln. Herkömmliche Rechner brauchen manchmal Wochen, um bei kostspieligen Raumfahrtmissionen die optimale Nutzung von begrenzten Ressourcen – Zeit, Wasser oder Energie – zu berechnen.[7] Der Quantencomputer soll es richten. Denn eine weitere Stärke, die Experten Quantenrechnern dieser Art zuschreiben, ist die rasante und zuverlässige Lösung von so genannten *Optimierungsproblemen.*

Oft gibt es für eine praktische Aufgabe sehr viele Lösungen, die aber unterschiedlich gut sind. Ein Beispiel ist das »Problem des Handlungsreisenden«. Der will mit dem Auto mehrere Städte besuchen. Welche Reiseroute ist die schnellste und günstigste? Erschwerend könnte hinzukommen, dass sich an den Autobahnen und Landstraßen der Spritpreis stark unterscheidet, sodass man die Tankstopps entsprechend planen sollte: Besser nicht zwischen Stadt A und B tanken, sondern lieber zwischen Stadt X und Y.

Bei drei oder vier Städten lässt sich dieses Problem leicht mit Papier und Bleistift lösen. Bei 15 Städten und einem dichten Straßennetz hingegen gibt es schon Millionen von möglichen Touren, und nur ein Computer kann den optimalen Verlauf in einer akzeptablen Zeit finden. Das Problem wird noch wesentlich komplexer, wenn der Reisende noch mehr Wahlmöglichkeiten bekommt: zwischen Verkehrsmitteln, Airlines, Hotels, bemauteten Strecken usw.

---

6 http://www.newscientist.com/article/dn24882-googles-quantum-computer-flunks-landmark-speed-test.html

7 http://www.nas.nasa.gov/quantum/research.html#applications

Optimierungsprobleme treten in der Praxis häufig auf, nicht nur bei Reiseplanungen. Das Design von Schaltungen auf Chips ist ein Optimierungsproblem, denn unnötig lange Leitungen machen den Rechner unnötig langsam. Auch die Produktionsplanung in einer Fabrik lässt sich optimieren. Ressourcen, also Maschinen und Arbeitszeit, können für verschiedene Produkte genutzt werden. Der Erlös lässt sich steigern, indem man geschickt plant, wann welche Maschine und welcher Mitarbeiter sich welchem Produkt widmet.

Auch Google will Quantencomputer für die Optimierung nutzen. Für seine Datenbrille, die dem Träger digitale Informationen ins Gesichtsfeld projiziert, braucht die Firma möglichst energiesparende Software. Der Quantencomputer soll Programme, die für den herkömmlichen Chip in der Datenbrille entwickelt werden, dahingehend optimieren. In Zukunft könnten z.B. die Träger ihre Datenbrille durch Augenblinzeln steuern. Angeblich haben Google-Ingenieure den D-Wave-Computer bereits benutzt, um Blinzel-Erkennungs-Software zu optimieren.

Die Firma 1Qbit aus dem kanadischen Vancouver will D-Waves Quantenrechner für Finanzdienste nutzen. Zwanzig Wissenschaftler entwickeln speziell an diesen Rechner angepasste Software für die Portfoliooptimierung und ähnliche Aufgaben.

Aufgaben, die nicht in den Griff zu kriegen sind

Dass der Weg »Quantencomputer« ausprobiert wird, überrascht nicht, denn an wirklich umfangreichen Optimierungsproblemen scheitern herkömmliche Computer. Die Crux bei diesen Aufgaben: Wenn sie wachsen, wenn also die Zahl der zu bereisenden Städte, der Leitungen auf Chips oder der Produkte zunimmt, schießt die Rechenzeit massiv ins Kraut.

Fachleute sprechen von einem exponentiellen Wachstum: Die Rechenzeit vervielfacht sich mit jeweils der gleichen Zahl hinzukommender Städte, Leitungen oder Produkten. Zwischen drei Städten gibt es z. B. nur eine mögliche Route (das Dreieck), zwischen vier Städten sind es schon zwölf Reiserouten. Bei 15 Städten kann der Handlungsreisende schon zwischen mehr als 87 Milliarden möglichen Wegen wählen! Was für eine Qual der Wahl.

Die Hoffnung ist, dass Quantencomputer ihre Fähigkeit zum parallelen Rechnen nutzen können, um der wuchernden Auswahl Herr zu werden, indem sie alle simultan getestet und bewertet werden. Um im obigen Bild mit der Reise durch die Metropolen der Welt zu bleiben: Ein Quantencomputer gleicht einem Paar Siebenmeilenstiefel, mit dem der Wanderer von Metropole zu Metropole hüpft, sodass er nach der Erdumrundung zum Abendessen wieder zu Hause ist. Wie das gehen soll, erfahren Sie noch (ohne Formeln!).

Aufgrund dieser Fähigkeit zum parallelen Rechnen, so die Erwartung, wächst für Quantencomputer die Rechenzeit eines Optimierungsproblems *nicht* exponentiell, sondern viel langsamer. Sie könnten daher die Suche nach optimalen Lösungen vieler Probleme in Wirtschaft und Forschung erheblich beschleunigen und Optimierungen ermöglichen, die bislang wegen exorbitant langer Rechenzeit unpraktikabel sind.

Auch für die Suche in riesigen ungeordneten Datenbanken, wie sie zum Beispiel durch Sammeln von Internetdaten sowie in der Klima- oder Genforschung auftreten, sind Quantencomputer prädestiniert, wie wir noch sehen werden. »Quantencomputer sind gut darin, gemeinsame Merkmale in verschiedenen Inputs zu erkennen«, sagt der renommierte Quantenphysiker Anton Zeilinger von der Universität Wien.

»Mustererkennung« heißt das Fachwort dafür und ist eine der zentralen Fähigkeiten des Gehirns. Menschen erkennen im Chaos ihrer Umwelt Regelmäßigkeiten, Ähnlichkeiten oder Wiederholungen und finden sich dadurch zurecht. Eine solche Fähigkeit könnten Quantencomputer zum Beispiel nutzen, um aus Satellitenaufnahmen frühzeitig drohende Hochwasser herauszulesen oder anhand von Infektionsdaten zuverlässig abzuschätzen, wie eine Grippe-Epidemie verlaufen wird.

Wie Experten die Quantenära sehen

Für die Quantenphysiker in ihren Labors ist ihre Neugier die größte Motivation. Sie sind fasziniert von der exotischen Welt der kleinsten Teilchen und wollen ergründen, wie sie funktioniert. Doch für viele sind auch Zukunftsvisionen von einer weltverändernden Quantentechnologie eine große Antriebskraft. Einer von ihnen ist Anton Zeilinger.

»Es wird zentrale Quantencomputer als Server geben, welche die gesamte Kraft des Quantencomputings ausnutzen«, sagt Zeilinger. Sie werden untereinander und mit herkömmlichen Rechnern in Firmen, Instituten oder Privatwohnungen vernetzt sein. Von dort schicken die Nutzer schwierige Rechenaufgaben oder große Datenmengen, um sie schnell lösen bzw. verarbeiten zu lassen. Dabei könnte es sich um globale Klimarechnungen handeln, die Verarbeitung biologischer Daten, oder um Terabytes und Petabytes von Daten aus Sensoren, Kameras oder Daten über das Nutzerverhalten im Internet, deren

Auswertung mit herkömmlichen Verfahren extrem zeit- und ressourcenaufwendig ist. Es könnten aber auch Unmengen von Daten sein, die von den Maschinen einer Produktionsanlage produziert wurden. Der Besitzer dieser Maschinen könnte die Daten auswerten, um eine optimale Produktionseffizienz zu erreichen.

Zeilinger nennt die Gesamtheit der Quanten-Server »Quantencloud«. Ein Trumpf der Quantencloud, neben ihrer Schnelligkeit bei bestimmten Aufgaben, ist nach Zeilingers Meinung ihre Spionagesicherheit. Firmen könnten völlig unbesorgt ihre höchst sensiblen Daten in die Quantencloud senden, denn: »Der Betreiber der Server kann nicht herausfinden, welche Daten ich verwende, er kann nicht einmal wissen, welche Art von Problem ich auf seinem Server behandle«, sagt Zeilinger. Der Quantencomputer rechnet und liefert das richtige Ergebnis, obwohl er weder die Eingabedaten des Kunden, die Berechnung selbst noch deren Ergebnis kennt, wie Wiener Forscher bereits zeigten.[8]

Eine weitere Zukunftsvision, welche praktisch alle Quantenphysiker für realistisch halten, sind so genannte Quantensimulatoren. Die Physik von technologisch interessanten Materialien ist Forschern heute oft ein Rätsel. Denn Festkörper sind höchst komplexe Gebilde. In ihrem Innern tanzen Myriaden von Elementarteilchen einen hochkomplexen Tanz. Aus diesem Zusammenwirken entstehen technisch interessante Eigenschaften wie elektrische Leitfähigkeit, Magnetismus oder Wärmetransport. Nur leider kann kein herkömmlicher Rechner das wirre Wechselspiel simulieren.

Das ist schade, denn ein Verständnis der Materialien könnte zum Design von neuen Werkstoffen mit sehr smarten Eigenschaften führen. Das könnten Supraleiter sein, die Strom bei Raumtemperatur verlustfrei leiten, superleichte und dennoch superfeste Werkstoffe oder hocheffiziente Solarzellen.

Physiker untersuchen schon heute mit Quantensimulatoren anwendungsrelevante Phänomene wie den Magnetismus. Dessen besseres Verständnis könnte etwa zu neuartigen Datenspeichern mit riesiger Kapazität führen, die sich gleichzeitig blitzschnell auslesen und beschreiben lassen.

Wovon Quantenphysiker auch heute schon schwärmen, sind neue, superpräzise Messinstrumente für physikalische Größen wie Gewicht, Länge oder die Zeit. Denn die winzigen Quantenteilchen reagieren auf winzigste Reize, gegen die sich ein Schmetterlingsflügelschlag wie ein Hurrikan anfühlt.

8 Barz, S. et al.: Science, Vol. 335 no. 6066, 303–308 (2012) DOI: 10.1126/science.1214707

Die Kontrolle über die Quantenwelt erlaubt es, diese mikroskopischen Reize so zu verstärken, dass sie an einer Messskala abgelesen werden können.

Doch bevor wir uns konkret die Geschichte der Quantentechnologie und insbesondere des Quantencomputers ansehen, machen wir eine ebenso faszinierende wie unterhaltsame Reise durch die bizarren Phänomene der Quantenphysik wie Schrödingers Katze, Verschränkung oder Teleportation.

Dass auch die Natur Quantenphänomene nutzt und womöglich das gesamte Universum ein gigantischer Quantencomputer ist, werden wir in den letzten beiden Kapitel des Buches erfahren.

Doch erst einmal gehen wir einen Schritt zurück und werfen einen Blick in die Technikgeschichte. Dabei werden wir sehen, wie die wachsende Kontrolle über ein zunächst rätselhaftes Phänomen zu einer tief greifenden Umwälzung des menschlichen Alltags geführt hat und wie die Antwort auf eine abstrakte und rein akademische Frage die Blaupause für den Computer lieferte.

2 Zauberformeln

Wie vermeintlich unnütze Wissenschaften mehrmals die Welt umwälzten. Kommt jetzt das Quantenzeitalter?

»Keine, vermute ich.«
Heinrich Hertz auf die Frage eines Journalisten, welche Anwendungen die von ihm nachgewiesenen Funkwellen haben könnten

Der Frust einer Handvoll Mathematiker führte zu einer der umwälzendsten technologischen Revolutionen der Geschichte: dem Computer. Eine rein akademische Frage, die dem Mann auf der Straße um das Jahr 1900 herum wohl nur ein gleichgültiges Achselzucken entlockt hätte, stand am Anfang.

Oft mussten Mathematiker nach endlosen Disputen entnervt feststellen, dass sich der mathematische Satz, den sie beweisen wollten, gar nicht beweisen lässt. Sie fühlten sich wahrscheinlich wie ein Bergsteiger, der am oberen Rand einer 1000 Meter hohen Felswand vor einem unüberwindlichen Überhang kapitulieren muss. Der deutsche Mathematiker David Hilbert wollte sich 1928 damit nicht mehr abfinden. Seine Idee: ein Testprotokoll, das sich nach Schema F abarbeiten ließe und einem mit wenig Aufwand vorab sagte, ob ein Problem überhaupt lösbar ist oder nicht. Im negativen Fall könnte man sich die Denkarbeit sparen.

Dieses Schema zu entwerfen stellte er der weltweiten Mathematikergemeinschaft als Herausforderung. Erst im Jahr 1936 machte sich der gerade 24-jährige englische Mathematiker Alan Turing daran. Seine Idee: Wenn man eine Denkmaschine besäße, die einen Beweis nach einem Programm Schritt für Schritt abarbeitet, könnte man vielleicht vorab feststellen, ob sie dafür endlich oder unendlich viele Schritte brauchen wird. Im letzteren Fall wäre der Beweis nicht zu führen.

Welche Schritte unternimmt ein Mensch, wenn er rechnet?, fragte sich Turing. Ein »Computer«, wie man in England damals Menschen nannte, die in Ingenieurbüros mit Block und Bleistift monotone Rechenarbeit abarbeiteten, tat im Grunde nicht mehr und nicht weniger als Folgendes: Er las, schrieb und löschte Symbole auf Papier. Zwischendurch verarbeitete er die gelesenen Zeichen im Gehirn und bewegte den Bleistift oder Radiergummi zu dem Platz auf dem Papier, an dem er das nächste Symbol setzte (siehe Abb. 2.1).

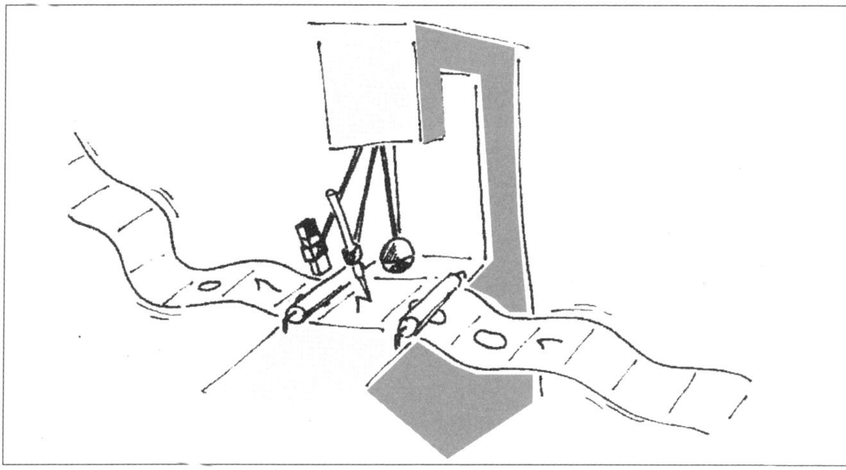

Abb. 2.1 Skizze einer Turingmaschine. Die drei Arme tragen (v. l. n. r.) Lösch , Schreib- und Lesekopf. (Quelle: Matthias Homeister, »Quantum Computing verstehen«, Springer Verlag)

Turing entwarf nun eine Maschine, die all diese Einzelschritte ebenfalls ausführte. Sie erinnert an einen Kassettenrekorder: Ein Band läuft unter einem Schreib- und Lesekopf hin und her. Der Kopf schreibt Symbole auf nebeneinanderliegende Felder des Bandes oder löscht sie. Dann bewegt er sich nach links oder rechts zum nächsten Feld. Was davon er tut, hängt von dem Symbol ab, das er gerade gelesen hat, und von Anweisungen, die in seinem Innern gespeichert sind. Letzteres entspricht dem Wissen des »Computers« darüber, wie etwa eine Multiplikation auf dem Papier auszuführen ist. Nach dem Lesen eines Stoppsignals stoppt die Maschine und das Ergebnis steht als Symbolkette codiert auf dem Streifen.

Blaupause für eine Allzweckmaschine

Turing musste zwar Hilbert enttäuschen: Es ist nicht vorab entscheidbar, ob die Maschine für eine bestimmte Aufgabe endlich oder unendlich viele Schritte brauchen wird. Doch das Genie hatte die Blaupause für eine universelle

Rechenmaschine vorgelegt. Turing bewies, dass seine Denkmaschine alle berechenbaren Probleme auch tatsächlich berechnen konnte.

Ein Ergebnis von ungeheurer Wucht. Es gibt also Maschinen, die keinem eng umrissenen Zweck dienen wie ein Webstuhl oder ein Automotor. Man kann sie wie einen multitalentierten Diener mit allem Möglichen betrauen. Dazu muss man sie nur mit entsprechenden Anweisungen füttern. Für Turing und seine Zeitgenossen war es kaum vorstellbar, wie sehr diese Allzweckmaschine die Welt verändern könnte.

Heute wissen wir es. Videos anschauen, mit Freunden chatten, Rollenspiele spielen: Per Mausklick springen Computer binnen Millisekunden zwischen unterschiedlichsten Jobs hin und her. Sie steuern Apps im Smartphone, zeigen dem Autofahrer, wo er abbiegen soll, sagen dem Fabrikroboter, welches Teil er als Nächstes greifen, und der Waschmaschine, wann sie mit dem Schleudern beginnen soll. Im Prinzip könnte man die Waschmaschine programmieren, Windows 8 auszuführen, oder den Fabrikroboter mit einem Textverarbeitungsprogramm füttern. Mikrochips sind extrem flexibel.

Turings Blaupause einer universellen Rechenmaschine liegt unseren modernen Rechnern zugrunde. Die Basiselemente sind die gleichen: Speicher für Instruktionen, Ein- und Ausgabedaten, Schreib- und Leseköpfe. Später werden wir sehen, dass Turingmaschinen uns auch etwas darüber erzählen, wo die Grenzen der Quantencomputer liegen.

In der Technikgeschichte gibt es viele Beispiele, wie die blanke Neugier von Forschern, ihr Bedürfnis, den Erscheinungen der Natur auf den Grund zu gehen, in technische Umwälzungen mündeten, die das Leben von Millionen Menschen oft grundlegend veränderten. Das bloße Entschlüsseln der Natur reichte dafür aber nicht. Durch das Anwenden der Naturgesetze für seine Technik gewann der Mensch immer mehr Kontrolle über sie. Erst dadurch entfalteten die Formeln ihre ganze, oft magisch anmutende Kraft.

Wellen, die die Welt veränderten

Ein anschauliches Beispiel dafür ist die Entdeckung der elektromagnetischen Wellen und die wachsende Kontrolle über sie. Ohne diese würde in unserer Welt voller Mobilfunkgeräte, Mikrowellenöfen, Computertomografen, Radios, Fernseher etc. nun wirklich nichts funktionieren.

Davon ahnte der schottische Physiker James Clerk Maxwell Mitte des 19. Jahrhunderts noch nichts. Er wollte lediglich die vom englischen Naturforscher

Michael Faraday entdeckte Beziehung zwischen Elektrizität und Magnetismus auf ein mathematisches Fundament stellen. Eine damals rein akademische Übung, ohne die geringste Relevanz für den Alltag der Menschen.

Maxwell war nach dreijähriger Arbeit erfolgreich: Er beschrieb Magnetismus und Elektrizität und wie sie miteinander wechselwirken in vier Gleichungen, die heute seinen Namen tragen.

Diese Maxwell'schen Gleichungen lieferten eine der größten Erleuchtungen der Menschheitsgeschichte. Jahrhundertelang hatten sich Naturforscher vom Kaliber Galileo Galileis oder Isaac Newtons ohne durchschlagenden Erfolg gefragt, was das ist: Licht. Maxwells Gleichungen gaben endlich die Antwort. Sie zeigten, dass sich elektrische und magnetische Felder gegenseitig fortpflanzen.

So entsteht eine elektromagnetische Welle. Aus Maxwells Gleichungen ließ sich berechnen, dass sich diese Welle mit 300.000 Kilometern pro Sekunde bewegt. Dieser Wert stimmte mit der damals schon sehr genau gemessenen Lichtgeschwindigkeit überein. Die Folgerung: Licht ist eine elektromagnetische Welle.

Nicht minder revolutionär als diese Erkenntnis war das Wissen um die Existenz von elektromagnetischen Wellen. Zwar antwortete der deutsche Physiker Heinrich Hertz, der die von Maxwell vorhergesagten Wellen experimentell nachwies, auf die Frage nach den Anwendungsmöglichkeiten dieses Phänomens: »Keine, vermute ich.«[9] Die fehlende Vorstellungskraft von Hertz fußte aber auf seiner noch mangelhaften Kontrolle über die elektromagnetischen Wellen. Der Physiker hatte mit einfachen Mitteln einen Sender und einen Empfänger für Radiowellen gebaut. Ziel des Experiments war lediglich der Beweis, dass elektromagnetische Wellen überhaupt existierten – nicht mehr und nicht weniger.

Um die Wellen für die Übertragung von Radiosendungen zu nutzen, bedarf es wesentlich mehr an Kontrolle. Der Sender muss deutlich stärker sein als der von Hertz, um viele Kilometer überwinden zu können. Die Hertz'schen Wellen trugen auch keine Musik, keine Nachrichten oder Hörspiele vom Sender zum Empfänger. Diese Information gelangt erst durch eine weitere Stufe der Kontrolle in die übertragene Welle: durch die so genannte Modulation. Signale werden der Welle durch Variieren ihrer Amplitude oder ihrer Frequenz aufgeprägt (siehe Abb. 2.2).

---

9 Ian Stewart: Weltformeln, rororo, 2014, ISBN 978 3 499 63029 3

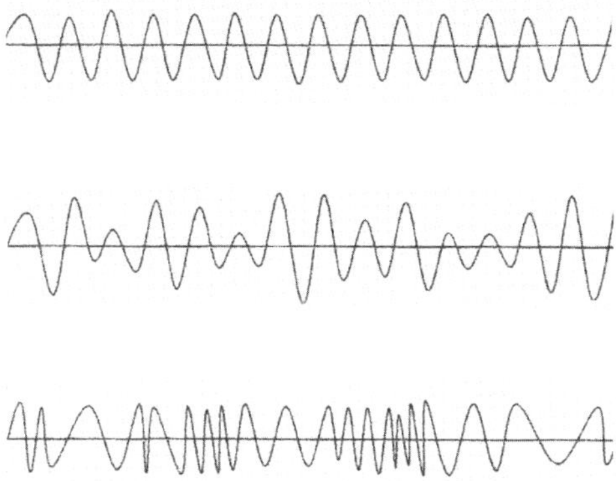

Abb. 2.2 Eine unmodulierte Welle (oben) trägt keine Information. Bei der Amplitudenmodulation (AM, Mitte) ist die Information in der Höhe der Amplitude (d. h. in den Kammhöhen der Welle) codiert. Bei der Frequenzmodulation (FM, unten) tragen die unterschiedlichen Abstände zwischen den Wellenkämmen die Information.

Normalerweise kommen bei einer Welle bestimmter Frequenz die Wellenkämme in regelmäßigen Abständen (bei Radiowellen ca. alle 100 Millionstel einer Sekunde). Bei der Frequenzmodulation werden diese Abstände leicht nach vorne oder hinten verschoben. Die Wellenkämme treffen also in unregelmäßigen Zeitabständen ein. Dadurch entsteht ein Muster, das, vergleichbar dem Morsecode, die in der Radiosendung enthaltene Information trägt. Ähnlich gelingt die Amplitudenmodulation, nur dass hier nicht die zeitlichen Abstände zwischen den Wellenkämmen variiert werden, sondern deren Höhen, die man auch als »Amplitude« bezeichnet.

Tüftler holten die Radiowellen aus dem Labor

Nach Hertz' Versuch übernahmen Ingenieure wie der Italiener Guglielmo Marconi den Stab und entwickelten den Rundfunk, indem sie die elektromagnetischen Wellen immer besser kontrollierten.

Marconi war als Geschäftsmann ebenso clever wie als Ingenieur und wollte der kabelgetragenen Telegrafie Konkurrenz machen. Schon als Junge hatte er die Arbeiten von Maxwell und Hertz studiert und erkannt, dass sich elektromagnetische Wellen für kabellose Kommunikation eigneten. Um das zu erreichen, setzte sich Marconi, der nie Physik oder Elektrotechnik studiert hatte, ein Ziel: weiter funken zu können als alle anderen. Er baute effizientere

Sender sowie empfindlichere Empfänger und stimmte beide Enden optimal aufeinander ab. So konnte er erstmals meilenweit senden.

Marconi überwand auch die Erdkrümmung, was damals viele für unmöglich hielten. Der spätere Nobelpreisträger spannte vertikale Drähte als Sende- und Empfangsantennen und erdete sie. Dadurch nutzte er die Erde selbst als Wellenleiter und die gesendeten Signale folgten ihrer Krümmung. Heute wissen wir, dass darüber hinaus eine elektrisch leitende Schicht in der Lufthülle der Erde, die Ionosphäre, Radiosignale reflektiert und sie so über Tausende Kilometer befördert.

Marconi gelang der große Sprung. Mit einem starken Sender sowie einem riesigen Fächer aus Antennendrähten sendete er 1901 erstmals ein Morsezeichen über den Atlantik.[10] Er perfektionierte die Technologie weiter, sodass auch mit relativ schwachen Sendern Kontinente verbunden werden konnten. Seine technischen Erfolge zahlten sich auch wirtschaftlich aus. Marconi eröffnete 1907 den ersten kommerziellen drahtlosen Telegrafiedienst von der Ostküste Kanadas nach Irland. Auch die Schifffahrt nutzte Marconis Radiosystem. Es funkte 1912 das »SOS« der Titanic und rettete so Leben.

Zwei Schwächen hatte Marconis System allerdings:

1. Es übertrug lediglich Morsezeichen. Sprache oder Musik fanden ihren Weg durch den »Äther« (den es physikalisch gesehen nicht gibt, denn elektromagnetische Wellen pflanzen sich durch sich selbst fort, brauchen also kein Medium) noch nicht.
2. Die Wellen verschiedener Sender überlagerten sich, es gab störende Interferenzen.

Diese Hürden überwand erstmals der kanadische Erfinder Reginald Fessenden. An Heiligabend des Jahres 1906 strahlte er das erste Radioprogramm der Welt aus. Schiffsbesatzungen in mehreren Hundert Meilen Entfernung vom Sender an der Ostküste der USA hörten Händels »Largo« sowie Bibelverse, beides von Fessenden selbst vorgetragen. Der Rundfunk, die Kommunikation von einem an viele, war geboren.

Eine Voraussetzung dafür war eine neue Art von Sender. Marconis Sender erzeugten einen Zug abgehackter Wellenpulse. Um einer Welle aber mittels Amplitudenmodulation Sprache, Geräusche oder Musik aufzuprägen, braucht es eine gleichmäßig andauernde Welle, ähnlich wie sich ein Brief

---

10 Es ist zwar umstritten, ob die Übertragung schon bei diesem Experiment in 1901 gelang. Doch mindestens gelang es bald darauf, wie Marconis kommerzieller Erfolg beweist.

besser auf einen DIN-A4-Bogen schreiben lässt als auf einen Haufen briefmarkengroßer Papierschnipsel.

Fessenden baute zu diesem Zweck einen elektrischen Generator um, womit er Radiowellen mit ziemlich hoher Frequenz (10 Kilohertz) erzeugen konnte. Erst diese hochfrequenten Wellen konnten Sprache und Musik tragen, weil deren Frequenzen deutlich kleiner sind. Die Trägerfrequenz ähnelt den Pixeln einer Digitalfotographie, die sehr viel kleiner sein müssen als das Bildmotiv.

Da eine andauernde Welle eine feste Frequenz hat, ließen sich in der Folge auch mehrere Sender mit unterschiedlicher Frequenz betreiben, die sich gegenseitig nicht störten. Fessenden entwickelte auch eine Technik, die es erlaubte, mehrere Morsesignale unterschiedlicher Frequenz gleichzeitig einer Radiowelle aufzuprägen. So konnten auf einer Radiowelle simultan mehrere Nachrichten gesendet werden.

Obwohl die kreativen Köpfe die Radiowellen immer besser beherrschten, gab es noch starke Mängel. Am stärksten nervten den New Yorker Erfinder Edwin Howard Armstrong die atmosphärischen Störungen, die beim Rundfunk auftraten. Er löste das Problem durch die oben beschriebene Frequenzmodulation (FM), für die er die nötige Technik erfand. Bei einer Präsentation der Technik im Jahr 1936 in Washington spielte Armstrong ein Jazzkonzert erst mit Amplitudenmodulation ab. Dann schaltete er effektvoll auf FM um. »Wenn das Publikum seine Augen geschlossen hätte, hätte es geglaubt, dass die Musiker im gleichen Raum saßen«, schwärmte ein Journalist. FM überträgt nämlich auch ein breiteres Spektrum an Frequenzen und einen größeren Lautstärkenumfang. Das FM-Verfahren wird noch heute im Rundfunk eingesetzt.

Funkwellen weben das Netzwerk der Welt

Heute ist der »Äther« voll mit elektromagnetischen Wellen. Hunderte Rundfunk- und Fernsehkanäle senden ihre Programme. Jeder kommuniziert mit jedem über Handy oder Smartphone. Fast 110 Milliarden Minuten lang sprachen die Deutschen allein im Jahr 2012 in ihre Mobilfunkgeräte,[11] das entspricht einem 200.000 Jahre andauerndem Gequassel! Im gleichen Jahr versendeten sie fast 60 Milliarden SMS-Nachrichten. Elektromagnetische Wellen sind der Stoff, aus dem ein dichtes soziales Netzwerk gewoben ist.

11 Jahresbericht 2012 der Bundesnetzagentur

Darüber hinaus laden sich Millionen Deutsche über Mobilfunk riesige Datenmengen herunter, die neueste App, Videos oder Daten aus dem Büro. Dabei schwirrte allein 2012 eine Datenmenge durch den »Äther«, die grob gerechnet mehr als zwei Milliarden Blu-Ray-Discs füllen könnte. Gestapelt ergäben diese einen Turm von über zwei Kilometern Höhe.

Möglich ist dieses »Internet durch die Luft« (O-Ton Bundesnetzagentur) nur durch Breitband-Übertragungstechnologien wie UMTS, HSDPA und LTE. Auf dem Land springt LTE für die fehlenden breitbandigen Kabelanschlüsse in die Bresche.

Die Technologien nutzen sehr hohe Funkfrequenzen mit Milliarden von Schwingungen pro Sekunde. Denn je höher die Frequenz, desto mehr Information lässt sich einer Welle aufprägen. Verschiedenen Nutzern werden verschiedene Radiofrequenzen zugeteilt, sie bekommen quasi ein Röhrchen eines dicken Rohrbündels. Wo früher ein Radiosender eine einzige Message an Millionen sandte, bringen die Wellen heute jedem Nutzer seine eigene Information. LTE ist darin besonders schnell, da es flexibel jenen Nutzern mehr Frequenzen zuordnet, die gerade viel herunterladen. Im Bild gesprochen, erhalten sie ein Röhrchen oder ein etwas dickeres Rohr zugewiesen, je nachdem, wie viele Daten sie gerade saugen oder hochladen. Dabei wird die Verteilung der dicken und dünnen Röhrchen ständig den aktuellen Erfordernissen angepasst. Nach dem Saugen eines Videos mit einem »dicken Rohr« bekommt der Nutzer für sein Telefonat einen »Strohhalm«. So wird die Bandbreite optimal ausgenutzt, sprich: Die Gesamtdicke des Rohrbündels wird stets voll ausgelastet.

Noch mehr Bits und Bytes lassen sich mit Lichtwellen übertragen. Diese sind, wie gesagt, ebenfalls elektromagnetische Wellen, nur mit noch viel höheren Frequenzen von mehreren Hunderttausend Milliarden Schwingungen pro Sekunde. Und auch hier ist Kontrolle wichtig. Die Menschen haben gelernt, Licht durch Glasfasern rund um den Erdball zu schicken.

Jetzt arbeiten sie daran, gigantische Datenmengen auf Laserstrahlen aus dem All auf die Erde reiten zu lassen. Denn im Orbit sammeln Beobachtungssatelliten immer mehr Daten über die Erde, z. B. über die Landwirtschaft, das Klima oder die Eisdicke der Arktis. Ein einziger Satellit produziert dabei oft mehr als ein Gigabyte Daten pro Sekunde. Mit Radiowellen lassen sich diese Daten bei Weitem nicht so schnell zum Boden bringen.

Doch Laserstrahlen haben auch Nachteile gegenüber Funkwellen. Wolken und Turbulenzen in der Atmosphäre verzerren und dämpfen die Signale empfindlich. Bricht die Verbindung auch nur den Bruchteil einer Sekunde ab, gehen schon Megabytes von Daten verloren. Forscher versuchen die in Wolken entstehenden Echos des ursprünglichen Laserstrahls, welche ein Chaos erzeugen und die Message unbrauchbar machen, nachträglich per Computer herauszufiltern und so den ursprünglichen Datenstrom zu rekonstruieren.

Auch von Flugzeugen sollen Laserstrahlen Daten zu Bodenstationen tragen. Im Jahr 2013 gelang das im Experiment.[12] Dabei glichen Sensoren und bewegliche Spiegel die Vibrationen des Flugzeugs aus, sodass der Strahl immer auf die Bodenstation ausgerichtet blieb.

Wenn Licht rechnen lernt

Es gibt einen Gipfel der Kontrolle über das Licht: so genannte photonische Kristalle. Dabei handelt es sich um Festkörper, die präzise modellierte Kanäle, Poren und andere Strukturen enthalten. Die Ausmaße dieser Strukturen entsprechen mit wenigen Hundert Nanometern (Millionstel Millimeter) etwa der Wellenlänge des Lichtes. In der Natur gibt es ähnliche Strukturen: die winzigen Schuppen auf den Flügeln von Schmetterlingen. Ihre periodische Anordnung führt zu den schillernden Farben der Flügel. Künstliche photonische Kristalle werden für farbändernde Lacke verwendet oder als Lichtleiter für die Telekommunikation genutzt.

In Zukunft könnten photonische Kristalle die Computertechnologie revolutionieren. Durchquert Licht einen entsprechend strukturierten photonischen Kristall, wird es ähnlich gelenkt wie Elektronen in einem Halbleiter. Daher lassen sich photonische Kristalle entwickeln, die mit Licht die gleiche Funktion ausüben wie heutige Computerbausteine mit Elektronen. Aus ihnen könnte ein optischer Computer gebaut werden, der mit Licht rechnet statt mit Elektrizität. Er wäre viel schneller als ein herkömmlicher Rechner, da eine Lichtwelle sehr viel mehr Information tragen kann als elektronische Signale.

All das zeigt: Die Kontrolle über elektromagnetische Wellen hat seit den Tagen Marconis immer rasanter zugenommen. Damals wurde nur das Nötigste gefunkt, etwa Notrufe von Schiffen. Heute transportieren elektromagnetische Wellen den Treibstoff der Wirtschaft des 21. Jahrhunderts: Information. Und sie könnten in Zukunft den informationstechnischen Motor der Welt noch schneller und effizienter antreiben. Es ist überflüssig zu sagen, dass unsere Zivilisation binnen kürzester Zeit stillstehen würde,

---

12 http://www.dlr.de/dlr/desktopdefault.aspx/tabid-10081/151_read-9050/

wenn alle Geräte, die elektromagnetische Strahlen kontrollieren, abgeschaltet würden.

Vieles wird uns wie Magie erscheinen, wenn die Herrschaft der Menschen über die elektromagnetischen Wellen weiter zunimmt. Den Seeleuten von 1906 mussten die Violinenklänge von Reginald Fessenden aus einem Funkempfänger, der sonst nur öden Morsecode ausspuckte, wie Zauberei vorgekommen sein.

Quanten treten in ihre Marconi-Phase

Wie Hexenwerk erscheinen heute auch die Effekte der Quantenphysik. Viele der Fragen, die sich Forscher in ihren Experimenten mit Quantenobjekten stellen, sind ziemlich akademisch. Sie wollen die Welt der Quanten erst einmal kennenlernen. Doch dabei lernen sie auch, sie zu beherrschen. Inzwischen kontrollieren Physiker einzelne Atome oder Lichtteilchen, schieben sie zwischen Teilen ihres Versuchsaufbaus hin und her, schreiben Daten in sie hinein oder lesen sie aus, teleportieren sie zwischen verschiedenen Räumen oder nutzen sie als Recheneinheiten noch recht rudimentärer Quantencomputer.

Im Fall der Quantenphysik haben aber auch schon Ingenieure den Stab in die Hand genommen. Man könnte sagen, die Quantentechnik tritt langsam in ihre Marconi-Phase ein. Es gibt erste Produkte, wie Kommunikationssysteme für verschlüsselte Botschaften, die in der Schweiz bereits bei Wahlen eingesetzt wurden, oder Zufallsgeneratoren für Spielbanken. Je mehr die Kontrolle über die Quanten zunimmt, desto breiter und tiefer können Quantentechniken in den Alltag eindringen und ihn umwälzen. Manche Physiker sprechen schon von der »Zweiten Quantenrevolution«.

Was die »Erste Quantenrevolution« war, werden wir im nächsten Kapitel erfahren. Dort lernen Sie auf unterhaltsame Weise jene Unbegreiflichkeiten der Quantenphysik kennen, die die Informationstechnik so sehr beflügeln können.

3 Von geisterhaften Golfbällen, Fotos im Dunkeln und einer toten Katze, die lebt

Einführung in die rätselhafte Welt der Quantenphysik

»Wenn man das Unmögliche ausgeschlossen hat, muss geschehen sein, was dann noch übrig bleibt, wie unwahrscheinlich es auch zu sein scheint.«
Sherlock Holmes, Detektivfigur

»Sie können auch über Bande spielen«, sagt der Friedemann Reinhard von der Universität Stuttgart in leicht gelangweiltem Ton auf die Frage des Spielers hin, ob das möglich sei. Der Spieler, den Minigolfschläger schlagbereit in den Händen, denkt ihm offenbar viel zu konventionell. Nur weil genau zwischen dem Abschlagspunkt und dem Loch ein kreisförmiges Hindernis den direkten Weg zum Ziel versperrt, muss man bei diesem Minigolf noch lange nicht über Bande spielen.

Der nächste Spieler spielt das Hindernis frontal an. Bei einem normalen Minigolf wäre das ziemlich töricht. Bei diesem Minigolf kommt man aber auch so um das Hindernis herum.

Im Audimax der Universität Stuttgart hat der Physiker freilich keine reale Minigolfbahn aufgebaut. Es ist ein auf den Boden projiziertes Computerspiel. Der Schläger trägt eine LED, deren Position von einer Kamera erfasst wird. So wird, ähnlich wie bei einer Wii-Konsole, der reale Schlag des Spielers in die virtuelle Welt übersetzt. Doch es gibt noch einen Unterschied zum Minigolf im Stadtpark: Der simulierte Minigolfball folgt den Gesetzen der Quantenphysik, daher der Name »Quantenminigolf«.

Spieler zwei hat offenbar ein Gespür dafür. Unmittelbar nach dem Schlag saust der Ball in Richtung Hindernis davon. Aber es ist gar kein Ball mehr. Er hat seine feste Kontur verloren und sich in ein kreisförmiges Streifenmuster verwandelt. Als er auf das Hindernis trifft, geschieht etwas Erstaunliches:

Es zerteilt den Ball in zwei Hälften, wie ein Schiffsbug, der durch die Wellen pflügt. Die eine Hälfte rast schräg nach oben und die andere schräg nach unten davon. Beide werden das Ziel verfehlen, denkt der Zuschauer.

Doch dann passiert wieder etwas Eindrucksvolles: Zwischen den beiden Streifenmustern entsteht ein weiteres, das geradewegs Kurs auf das Loch nimmt. Als es dort ankommt, gibt Spieler zwei das Kommando: »Jetzt!« Mitten in dem Kreis, der das Loch symbolisiert, materialisiert sich der blaue Ball. Der Schriftzug »You won« erscheint. »Ja!«, ruft Spieler zwei und reißt den Schläger in die Höhe. Er hat sich soeben die Gesetze der Quantenphysik zunutze gemacht. Er hat den Ball um ein Hindernis herumgelenkt, indem er es direkt anspielte.

Kontrollierbarer Quantenzauber

Das Hindernis direkt anspielen, um es zu umgehen? Klingt widersprüchlich. Ist es aber nicht, wie wir noch sehen werden. Es ist auch keine Zauberei. »Hinter der Quantenphysik steckt nichts Mystisches«, betont Anton Zeilinger. Die Quantenphysik gehorcht klaren, mathematisch beschreibbaren Regeln. Die daraus resultierenden Phänomene widersprechen zwar oft der Alltagserfahrung der Menschen. Doch die menschliche Wahrnehmung erfasst eben nur einen Teil der Realität. Das macht die Welt der kleinen Teilchen aber nicht weniger real und wirksam.

Da nichts Geheimnisvolles an der Quantenphysik ist, kann man durchaus verstehen, warum ein Quantencomputer bestimmte Probleme superschnell löst oder warum eine Quantenkamera auch im Dunkeln fotografieren könnte. Im Folgenden werde ich die Quantenphänomene erläutern, die Anwendungen wie dem Quantencomputer zugrunde liegen. Dadurch sollen Sie ein gewisses Verständnis und eine gewisse Intuition für die Quantenphysik entwickeln, sodass Ihnen die Leistungen der Quantentechnik nicht so überirdisch vorkommen, wie sie oft in der Öffentlichkeit dargestellt werden.[13]

Die Faszination wird Ihnen dadurch aber nicht abhanden kommen. Es wird sein wie bei einer Reise in ein exotisches Land: Alles spielt sich auf dem Boden der Realität ab, aber trotzdem kommt man aus dem Staunen nicht heraus.

---

13 Oft wird die mystische Aura, welche die Quantenphysik umwabert, sogar für blanken Humbug und Bauernfängerei missbraucht, etwa beim »Quanten-Energiegenerator« oder bei der »Quantenheilung«.

Wechselbalge des Mikrokosmos

Eine erstaunliche Eigenschaft des Lichtes haben wir im ersten Kapitel kennengelernt: Es kommt als eine Horde von Teilchen daher. Diese Teilchen transportieren unterschiedlich große Energiepakete. Ein blaues Photon bringt mehr Energie mit sich als ein rotes.

Aber Moment mal: Hatte Maxwell nicht herausgefunden, Licht sei eine elektromagnetische Welle? Beweise dafür gibt es wie Sand am Meer, z. B. die Regenbogenfarben auf einer öligen Wasserpfütze (siehe Kasten: Der Regenbogen in der Pfütze: Wie geht Interferenz?) oder auf einer CD. Bewiesen ist aber auch die Tatsache, dass es ein Strom von Teilchen ist.

Wie kann Licht beides sein: Teilchen und Welle? Viel unterschiedlicher können zwei Vorstellungen doch nicht sein, oder? Ein Teilchen hat feste Grenzen, wie ein Minigolfball. Es folgt einer klaren Bahn, etwa vom Abschlagspunkt zum Loch. Stößt ein Ball auf einen anderen Ball, ändern sie in der Regel beide ihre Rollrichtung, etwa beim Billard.

Wellen hingegen durchdringen sich gegenseitig und überlagern sich dabei. Sie schaukeln sich gegenseitig auf oder löschen sich zu nichts aus. Ein Phänomen, das man als Interferenz bezeichnet. Wellen breiten sich aus, ändern also ihre Grenzen, z. B. nachdem man einen Stein ins Wasser geworfen hat. Eine Welle kann sogar »um die Ecke« laufen wie etwa eine Schallwelle um einen Baum: Man kann jemanden, der sich hinter einem Baum versteckt, reden hören. Die Schallwelle läuft dabei gleichzeitig links und rechts um den Baum herum.

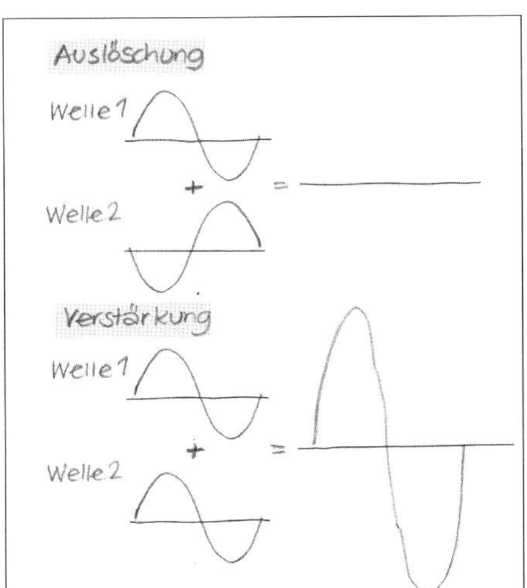

Abb. 3.1 Veranschaulichung der Interferenz. Zwei Wellen, die einander Spiegelbild sind, neutralisieren sich gegenseitig (Auslöschung), während zwei identische Wellen sich zur doppelten Höhe aufschaukeln (Verstärkung)

Der Regenbogen in der Pfütze: Wie geht Interferenz?

»Geteiltes Leid ist halbes Leid und geteilte Freude ist doppelte Freude«, sagt der Volksmund. Im Leben gibt's Aufs und Abs. Zu zweit sind aber die Abs nicht so schlimm, während die Aufs sich verdoppeln.

Bei Wellen ist das ähnlich: es gibt Wellenberge und Wellentäler. Die beiden Wellen können gegeneinander verschoben sein, sodass Wellenberge auf Wellenberge und Wellentäler auf Wellentäler treffen. Dann verstärken sich beide Wellen. Wenn hingegen Wellentäler auf Wellenberge treffen, dann löschen sich die Wellen zu nichts aus. Dieses Phänomen nennt sich Interferenz.

Im Alltag begegnen Sie der Interferenz oft in Form einer Wasserpfütze, die in allen Regenbogenfarben leuchtet. Der Grund ist ein dünner Ölfilm auf dem Wasser. Das Tageslicht wird zweimal reflektiert: auf der Oberfläche des Ölfilms sowie auf der darunterliegenden Wasseroberfläche. Die beiden Reflexionen erzeugen zwei Wellen, die sich überlagern. Aus einem bestimmten Winkel betrachtet haben die beiden Wellen nun einen bestimmten Wegunterschied. Nun gibt es zwei Möglichkeiten: Der Wegunterschied ist so groß wie die Wellenlänge: dann verstärkt sich die Welle. Oder er ist halb so groß wie die Wellenlänge: dann löscht sich die Welle aus.

Das Tageslicht besteht aus allen Farben. Und Farben sind nichts anderes als Licht unterschiedlicher Wellenlänge. Wenn Sie die Pfütze anblicken, dann fallen Lichtwellen vom Ölfilm aus leicht unterschiedlichen Winkeln in Ihr Auge. Die Winkel entsprechen unterschiedlichen Wegunterschieden des Lichtes. Damit entsprechen sie auch unterschiedlichen Wellenlängen, die verstärkt bzw. ausgelöscht werden. Die Folge: Sie sehen einen Regenbogen.

Das Licht schlüpft in beide gegensätzliche Formen, Welle und Teilchen, wie ein Gestaltwandler. Der Wechselbalg Odo aus der Science-Fiction-Serie »Deep Space Nine« sieht normalerweise aus wie ein Mensch. Er kann sich aber verflüssigen und, wenn Gefahr in Verzug ist, durch Türritzen schlüpfen. Welche Form er sich gibt, hängt von der Situation ab. Auch die Form, in der Licht erscheint, hängt von der Situation ab, sprich: von dem Experiment, das man durchführt.

Ein wichtiges Experiment sieht so aus: Strahlt man Licht auf einen Schirm mit zwei schmalen parallelen Spalten, dann zeigt es Interferenz. Der Doppelspalt teilt die Welle in zwei Teilwellen, die sich hinter dem Schirm überlagern. In einigen Richtungen verstärken sie sich, in anderen löschen sie sich aus. Auf einem zweiten Schirm hinter dem Doppelspalt ergibt sich daher ein Muster aus parallelen Lichtstreifen und dunklen Streifen dazwischen.

Beleuchtet man hingegen eine Metallplatte, benimmt Licht sich wie ein Teilchenstrom. Wie die Kugeln aus einer Schrotflinte Trümmer aus einem Ziel herausschlagen, schlägt es Elektronen aus dem Metall. Es gibt noch andere Experimente, wo sich Licht als Teilchenstrom präsentiert: Lichtteilchen lassen sich tatsächlich mit Detektoren zählen, ein weiterer Beweis ihrer Existenz. Physiker können inzwischen einzelne Photonen erzeugen und sie als Informationsträger benutzen, wie wir noch sehen werden.

Physiker nennen die Wandlungsfähigkeit Welle-Teilchen-Dualismus. Er zeigt, dass man sich von der naiven Vorstellung, Materie bestehe aus Bausteinen, die wie Legofiguren zu Planeten oder Lebewesen zusammengesteckt sind, verabschieden muss. Er ist ein erstes Beispiel dafür, dass die Begriffe unserer Alltagssprache die Quantenwelt nur unvollkommen beschreiben.

Wie im ersten Kapitel schon angesprochen, sind Photonen nicht die einzigen Wechselbälger der Quantenwelt. Der Welle-Teilchen-Dualismus ist vielmehr ein allgemeines Prinzip. Er gilt für alle Quantenobjekte: Elektronen, Protonen, Neutronen, ganze Atome oder Moleküle. Sie alle schlüpfen je nach Situation in die Wellen- oder in die Teilchenrolle. Physiker sprechen daher auch von Materiewellen.

Beliebig ist dieser Rollentausch indes nicht. Die Teilchen- und die Welleneigenschaften sind gekoppelt. Die Farbe von Photonen hängt mit ihrer Energie zusammen. Ähnlich hängt die Wellenlänge von anderen Quantenobjekten mit ihrer Masse und Geschwindigkeit zusammen. Je größer Masse und Geschwindigkeit, desto kürzer die Wellenlänge der Materiewelle.

Wir verstehen jetzt auch, was nach dem Abschlag beim Quantenminigolf passiert: Der Spieler gibt dem Ball eine bestimmte Geschwindigkeit. Damit einher geht eine bestimmte Materiewellenlänge. Der Ball verwandelt sich in eine Welle, deren Wellenlänge dem Abstand der Streifen entspricht (siehe Abb. 3.2).

A

B

Abb. 3.2 Vor dem Schlag (A) ist der Ball (Kreis am rechten Rand) noch ein Ball. Nach dem Schlag erhält er eine bestimmte Geschwindigkeit und verwandelt sich in eine entsprechende Welle (B).

Bis jetzt haben wir nur über den Mikrokosmos gesprochen, also über unsichtbar winzige Partikel. Können auch sichtbare Objekte als Gestaltwandler auftreten? Physiker haben noch keine obere Größengrenze für den Welle-Teilchen-Dualismus gefunden. Sogar Riesenmoleküle aus 800 Atomen verhalten sich wie Wellen, wie Wiener Physiker um Markus Arndt mit einem Interferenzexperiment 2013 zeigten.[14] Die Moleküle haben eine Wellenlänge von 500 Femtometern. Ein Femtometer ist der Millionste Teil eines Milliardstel eines Meters. Der Durchmesser eines Atoms ist etwa 200 Mal größer als die Wellenlänge des Moleküls und der eines Haares rund 200 Millionen Mal.

Auch Ihr eigener Körper unterliegt dem Welle-Teilchen-Dualismus. Sie könnten im Prinzip also auch mal Welle sein. Doch weil Sie im Vergleich zu einem Elektron wahnsinnig schwer sind, wäre Ihre Wellenlänge verschwindend klein. Ein Femtometer wäre astronomisch dagegen. Das ist einer der Gründe, warum Ihre Wellennatur nicht zutage tritt.

Materiewellen: Wozu taugen sie?

Materie ist ein Gestaltwandler, der mal die Form von Teilchen, mal die von Wellen annimmt. Das klingt esoterisch, nach Yin und Yang, Erdstrahlen oder so was. Aber Materiewellen sind so real wie Radiowellen und lassen sich technisch nutzen. Nur zwei Beispiele von vielen:

Im *Elektronenmikroskop* lenken Magnetfelder, auch »Elektronenlinsen« genannt, die Elektronen auf ähnliche Bahnen, wie optische Linsen im herkömmlichen Mikroskop das Licht lenken. Prompt schlüpfen die Elektronen in das Gewand einer Welle und vergrößern Objekte. Die Elektronen werden durch eine Spannung stark beschleunigt, sodass ihre Materiewellenlänge so klein wird wie ein einzelnes Atom. Daher kann das Mikroskop tatsächlich Strukturen zeigen, die kaum größer sind als ein Atom, z. B. Nanopartikel. Es ist damit 1000-Mal präziser als ein Lichtmikroskop.

Ein Laser kann nicht nur mit Licht, sondern auch mit Atomen verwirklicht werden. Denn Atome bilden Materiewellen. Mit einem *Atomlaser* lassen sich, wie mit dem Lichtlaser, Hologramme erzeugen. Diese haben wegen der äußerst kleinen Materie-Wellenlänge eine extrem feine Auflösung. Eine Idee ist es, damit dreidimensionale Schaltpläne in Halbleiter zu schreiben, sodass Chips auf noch viel kleinerer Fläche noch deutlich mehr Rechenleistung erzielen als heute möglich.

14 Eibenberger, S. et al.: Phys. Chem. Chem. Phys., 2013, 15, 14696–14700, DOI: 10.1039/C3CP51500A

Wir verstehen jetzt einen weiteren Teil des Quantenminigolf: Das Hindernis teilt die Welle in zwei Teilwellen. Weil diese aus der gleichen Welle hervorgehen, können sie sich überlagern. Genau das tun sie hinter dem Hindernis, wie die waagrechten dunklen Streifen im Wellenmuster zeigen (siehe Abb. 3.3).

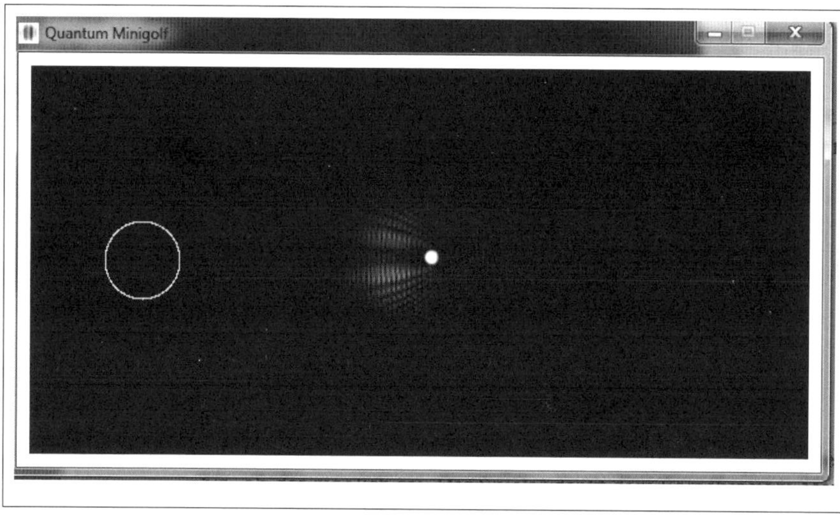

Abb. 3.3 Die Materiewelle des Quantenminigolfballs wird vom Hindernis (weißer Kreis) geteilt. Da die beiden Hälften aus der gleichen Materiewelle hervorgehen, können sie interferieren. Das zeigt sich im waagrechten Streifenmuster der Welle. Man beachte, dass die Materiewelle sich auch direkt hinter dem Hindernis zeigt.

Welle und Teilchen unter einen Hut gebracht

Kein Wunder, dass der Welle-Teilchen-Dualismus den Physikern des frühen 20. Jahrhunderts ganz und gar nicht gefiel. Man würde im Supermarkt ja auch kein Fischschweineschnitzel oder eine Gurkenerdbeere kaufen. Daher versuchten sie, die beiden Konzepte unter einen Hut zu bringen. Zwar gelang ihnen das durch die Entwicklung der modernen Quantenphysik in den 1920er Jahren. Doch damit handelte man sich noch viel unbegreiflichere Konsequenzen ein, wie wir gleich sehen werden.

Der österreichische Physiker Erwin Schrödinger stellte 1926 eine Formel auf, die die Ausbreitung von Materiewellen beschreibt. Sie war ein großer Durchbruch, weil mit ihr die Welt der Atome, Elektronen oder Photonen exakt berechenbar wurde. Mit der Schrödinger-Gleichung lässt sich für alle denkbaren Quantenobjekte die so genannte Wellenfunktion ausrechnen. Aus der Wellenfunktion ergeben sich zum Beispiel die aus dem Schulunterricht bekannten Orbitale der Elektronen. Genau: diese Dinger, die an Keulen, Hanteln und Donuts erinnern. Sie beschreiben die Materiewellen von Elektronen, die von einem positiv geladenen Atomkern festgehalten werden. Die Wellen breiten sich dann nicht aus, sondern schwingen auf der Stelle auf und ab. Vergleichbar ist das mit einem Sprungseil, das an zwei Enden festgehalten wird und auf- und abschwingt, ohne sich fortzubewegen.

Auch die Wellenfunktion für ein Elektron, das ein Doppelspalt-Experiment durchfliegt, lässt sich ausrechnen. Interessant wird es, wenn man folgendes Experiment macht: Schwäche die Intensität der Elektronenquelle so weit ab, dass ein Elektron nach dem anderen die Anordnung durchquert. Zu jedem Zeitpunkt befindet sich also nur ein einziges Elektron in der Versuchsanordnung.

Die Photoplatte hinter dem Doppelspalt detektiert jedes einzelne eintreffende Elektron. Es erscheint ein Punkt nach dem anderen, zufällig auf der Platte verteilt, wie Hagelkörner. Doch nach und nach zeigt sich in der Zufallsverteilung ein Muster: helle und dunkle Streifen, die sich abwechseln (Abb. 3.4). Die einzelnen Elektronen landen also nicht willkürlich auf der Platte. Vielmehr gibt es für jedes Partikel Orte, an dem es wahrscheinlicher auftrifft als an anderen.

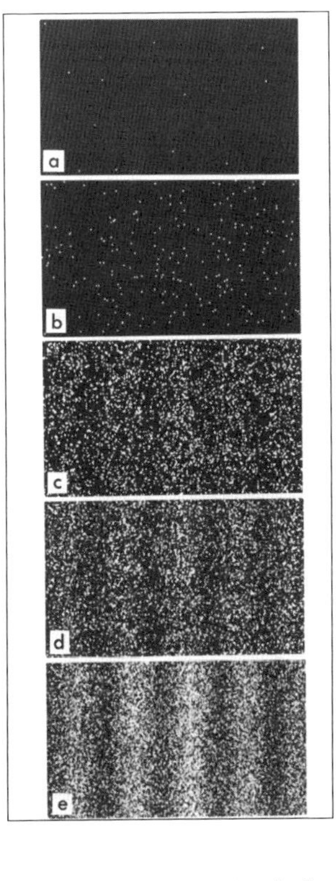

Abb. 3.4 Das Doppelspalt-Experiment mit Elektronen. Auf der Photoplatte zeichnen sich nach und nach einzelne Elektronen ab, die nach und nach ein immer deutlicher hervortretendes Interferenzmuster bilden.
(Quelle: Dr. Tonomura and Belsazar)

So kommen also Wellen- und Teilchenbild zusammen. Die einzelnen Elektronen verhalten sich wie Teilchen, aber im Kollektiv zeigen sie ein Verhalten, das für Wellen typisch ist: ein Interferenzmuster.

Ein »Kollektiv«, das sich wie eine Welle benimmt, ist schwer vorstellbar. Ich will eine Erklärung anhand des Kollektivs der Autofahrer in einer Stadt versuchen. Zu welchen Uhrzeiten eines Werktages sind die Durchgangstraßen am meisten verstopft? Zu den Stoßzeiten natürlich. Dazwischen ist deutlich weniger los, und mitten in der Nacht fast gar nichts mehr. Die Wahrscheinlichkeit, einen bestimmten Autofahrer in den Straßen zu finden, ist also zur Stoßzeit viel höher als mitten in der Nacht.

Hier taucht der Begriff der Wahrscheinlichkeit auf. Sie beschreibt, wann mit vielen Autos zu rechnen ist und wann mit wenigen. Ähnlich ist es mit den Elektronen, die auf die Photoplatte auftreffen. Es gibt für jedes Elektron eine Wahrscheinlichkeit, wo es sich wann aufhält. Der Clou: Diese Wahrscheinlichkeit breitet sich wie eine Welle aus. Etwas genauer gesagt, ist es ein mathematisches Konstrukt namens »Wellenfunktion«, das sich wellenförmig bewegt. [15]

Abb. 3.5 Quanten-Waldis Wellenfunktion

15 Physiker mögen die Ungenauigkeit verzeihen. Die Wellenfunktion selbst gibt keine Wahrscheinlichkeiten an. Dafür muss sie sich noch einer Rechenprozedur unterziehen. Aber im Rahmen dieses Buches für Laien sei die Vereinfachung erlaubt.

Um sich besser vorstellen zu können, was eine quantenphysikalische Wellenfunktion ist, folgendes Bild: Sie gehen mit Ihrem Hund Waldi im Park Gassi, ausnahmsweise ohne Leine. Schließen Sie die Augen und warten ein paar Sekunden. Sie können nun nicht mehr mit Sicherheit sagen, wo sich Waldi gerade befindet. Mit einiger Wahrscheinlichkeit wird er sich nicht weiter als zehn Meter entfernt haben. Es ist zudem deutlich wahrscheinlicher, dass Waldi gerade an einen Laternenmast pinkelt, als dass er auf einer Parkbank hockt. Waldis »Wellenfunktion« sieht also in etwa wie in Abb. 3.5 aus.

Dieses Bild hat den Schönheitsfehler, dass Waldis Wellenfunktion sich nicht wie eine Welle ausbreitet. Es geht nur darum zu veranschaulichen, welche Art von Information eine Wellenfunktion enthält. Aus Kapitel 2 kennen wir schon den Begriff der »Amplitude«, der angibt, wie hoch die Wellenberge und wie tief die Wellentäler sind. Auch bei der quantenmechanischen Wellenfunktion wird dieser Begriff genutzt. Grob gesagt bedeutet eine hohe Amplitude der Wellenfunktion eine hohe Wahrscheinlichkeit für ein Messergebnis. Wir werden dem Begriff in den folgenden Kapiteln ein paar Mal begegnen.

Unbestechliche Würfel

Die Quantenphysik rührt auch an dem, was wir Schicksal oder Vorherbestimmung nennen, denn in ihr spielt der Zufall eine erstaunliche Rolle. Zufall ist in unserer Welt oft nur scheinbar. Bei welcher Aktivität Sie Waldi nach dem Öffnen Ihrer Augen erblicken, ob er nun an den Laternenpfahl pinkelt, ein Eichhörnchen jagt oder eine Hündin beschnuppert, erscheint Ihnen zufällig, Sie können es nicht mit Sicherheit vorhersagen.

In Wirklichkeit gibt es aber eine Vorgeschichte und somit eine Ursache für Waldis Verhalten. Sie kriegen Sie mit geschlossenen Augen nur nicht mit. Wenn die Hündin nicht des Weges gekommen wäre, würde Waldi vielleicht an den Laternenmast pinkeln. Wenn an dem Mast nicht die Duftspur eines anderen Hundes wäre, würde er es lassen usw. Nichts in Waldis Verhalten ist wirklich zufällig, also ohne Grund.

Doch in der Quantenwelt ist genau das der Fall. Niemand kann vorhersagen, wo genau das nächste Elektron auf der Photoplatte auftreffen wird. Trifft es 2,3 Zentimeter rechts von der Mitte und 5,1 Zentimeter unterhalb der Oberkante auf, dann gibt es dafür nicht die geringste Ursache.

Denn bis zur Messung war das Teilchen eine Wahrscheinlichkeitswelle. Es gibt keine Bahn, auf der es zu dem besagten Ort gereist wäre. Es materialisiert sich dort im Moment der Messung, genauso gut hätte es 5 Zentimeter daneben auftauchen können. Der Zufall ist objektiv. In unserer Erfahrungswelt hingegen ist Zufall oft subjektiv, d. h., etwas scheint zufällig, weil man nicht alles über das Ereignis weiß. Dass ein Würfel die Augenzahl 5 zeigt, scheint Zufall zu sein. Wenn man aber alle Faktoren, die Geschwindigkeit, mit der der Würfel geworfen wird, die Oberflächenbeschaffenheit des Tisches, den Wind etc. berücksichtigen würde, könnte man zuvor berechnen, was der Würfel zeigen wird. Echte Würfel lassen sich zinken, der Zufall also steuern. Der Quantenzufall hingegen ist echt und unbestechlich.

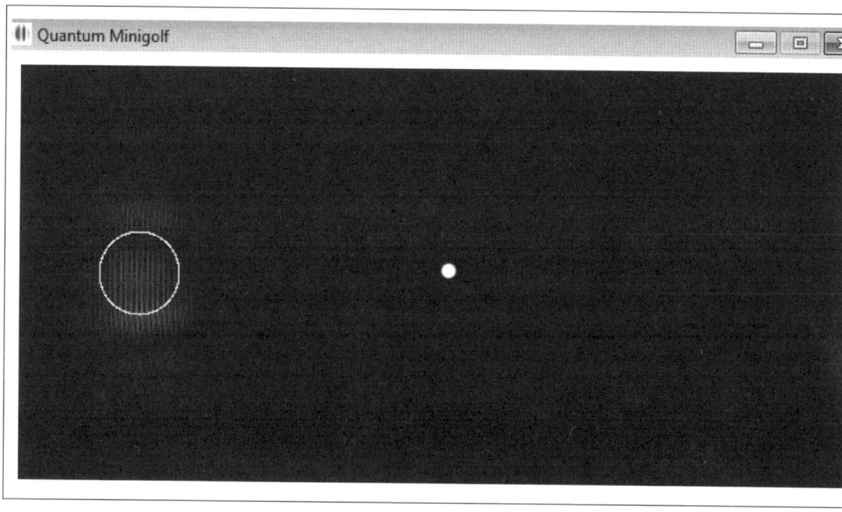

Abb. 3.6 Ein großer Teil der Welle durchquert das Loch (Kreis am linken Bildrand). Wenn man den Ball jetzt durch eine Messung seines Ortes materialisieren lässt, hat man gute Chancen einzulochen.

Wir können jetzt den Abschluss des Quantenminigolf-Schlags verstehen, siehe Abb. 3.6. Die Wahrscheinlichkeitswelle befindet sich über dem Loch. Der Spieler ruft: »Jetzt!« Das bedeutet: »Bitte jetzt eine Ortsmessung machen!« Weil ein Großteil der Welle innerhalb des Loches ist, materialisiert sich die Kugel wahrscheinlich darin. Mit Pech könnte sie das aber auch knapp neben dem Loch tun. Sicher ist nichts in der Quantenphysik.

Quantenzufall: Wofür taugt er?

»Gott würfelt nicht«, hat Albert Einstein die Quantenphysik, die er nicht mochte, kommentiert. Er hatte unrecht. Quantenobjekte sind die einzigen bekannten Systeme, die objektiven, also den buchstäblich »reinen« Zufall liefern. Der Zufallsgenerator im Computer hingegen erzeugt nur scheinbar zufällige Zahlenfolgen. Bei unachtsamem Umgang mit diesen Zahlenfolgen können bestimmte Muster darin auftauchen, die gewiefte Hacker schon genutzt haben, um Online-Spielbanken zu betrügen. Eine Schweizer Firma stößt mit einem *Quantenzufallsgenerator* in diese Lücke. Dieser erzeugt echte Zufallszahlen, die kein Hacker der Welt austricksen kann.

Die Wellenfunktion liefert übrigens nicht nur den Ort, sondern auch andere Eigenschaften, die das Quantenobjekt charakterisieren, z. B. seine Geschwindigkeit oder Energie. Wenn man die Geschwindigkeit misst, spuckt sie sie aus. Misst man die Energie, dann sagt sie sie einem. Die Wellenfunktion antwortet also auf die Fragen, die man ihr stellt. Allerdings lassen auch diese Ergebnisse sich nicht vorhersagen. Sie sind genauso dem objektiven Zufall unterworfen wie die Ortsmessung. Außerdem lassen sich mehrere Eigenschaften nicht unbedingt gleichzeitig exakt messen. Der deutsche Physiker Werner Heisenberg hat diesen Umstand mit seiner Unschärferelation beschrieben.

Welle-Teilchen-Dualismus und objektiver Zufall mögen Ihnen abgefahren vorkommen. Sie sind aber noch eher greifbar als das Folgende. Wir nähern uns nun dem dunklen Herz der Quantenphysik. Hier kommt jene Realität ins Spiel, die oft mit Vokabeln wie »mystisch«, »bizarr« oder »geisterhaft« umschrieben wird.

Dazu muss man nur eine harmlos klingende Frage stellen: Durch welchen der beiden Spalte geht eigentlich ein Elektron beim Doppelspalt-Versuch? Wenn es durch Spalt 1, geht landet es am wahrscheinlichsten irgendwo dahinter. Gleiches gilt für Spalt 2. Nimmt man vernünftigerweise an, dass je 50 Prozent der Elektronen durch Spalt 1 bzw. 2 gehen, dann müssten zwei dicke Streifen jeweils hinter den Spalten entstehen. Das sieht man aber nicht, sondern man sieht viele Streifen, das Interferenzmuster eben.

Die Heisenberg'sche Unschärferelation

Eine Radarfalle kurz hinter dem Ortsschild ist nicht nett. Wäre die Quantenphysik für den Alltag relevant, würden Ordnungsbehörden wohl darauf verzichten. Denn die Heisenberg'sche Unschärferelation verbietet es, Ort und Geschwindigkeit eines Teilchens gleichzeitig präzise zu messen: Entweder man erfährt den Ort genau und büßt dafür an Präzision bei der Geschwindigkeitsmessung ein oder umgekehrt. Wenn das Radargerät also das Tempo genau misst, kann es nicht mehr genau sagen, ob das Auto noch außerhalb oder schon innerhalb des Ortes war.

Warum ist das so? Es hat mit der Wellennatur der Materie zu tun. Eine Analogie findet sich in der Musik: Man kann nicht gleichzeitig die Tonhöhe eines Tons und den Zeitpunkt erfassen, zu dem er erklang. Denn die Tonhöhe entspricht der Frequenz. Um sie zu messen, muss man zählen, wie oft der Ton in der Sekunde schwingt. Für den Kammerton A sind es zum Beispiel 440 Schwingungen pro Sekunde. Weil das Messgerät auf die Schwingungen warten muss, dauert das natürlich ein bisschen.

Werner Heisenberg berechnete Ende der 1920er Jahre quantitativ, wie stark die Information begrenzt ist, die man über ein Quantenobjekt erfahren kann. Das ist die so genannte Heisenberg'sche Unschärferelation. Es gibt noch andere Paare von Messgrößen, die sich nicht gleichzeitig präzise bestimmen lassen. Eines davon ist Energie und Zeit.

Schizophrene Teilchen

Ein Elektron geht also nicht *entweder* durch Spalt 1 *oder* durch Spalt 2. Es gelangt aber definitiv hinter den Doppelspalt. Wenn das Entweder-oder ausgeschlossen ist, bleibt nur eine Alternative, so unglaubwürdig sie auch erscheinen mag: das Sowohl-als-auch. Das Elektron – es handelt sich immerhin um ein *unteilbares* Elementarteilchen – *muss sich gleichzeitig durch beide Spalten bewegt haben*. Ein Vorgang, der nach der klassischen Physik definitiv unmöglich ist. In der Quantenphysik ist dieses Phänomen hingegen normal.

Physiker nennen es Superposition. Der Begriff bezeichnet eine Parallelexistenz aller Möglichkeiten. Die Superposition ist ein charakteristisches Prinzip der Quantenphysik. Ein Elektron befindet sich gleichzeitig an vielen Orten, ein Atom nimmt alle Energiewerte, die es besitzen kann, gleichzeitig an, der Strom in einer supraleitenden Leiterschleife fließt gleichzeitig links und rechtsherum. Bei der Messung materialisiert sich einer dieser Werte.

»Die Welt ist alles, was der Fall ist, und auch alles, was der Fall sein kann«, drückt es Anton Zeilinger aus. Nehmen wir an, Waldi sei ein Quantenobjekt, ein Quanten-Waldi also. Solange Sie die Augen zu haben, tut er alles simultan: an den Mast pinkeln, das Eichhörnchen jagen, die Hündin beschnuppern, auf der Parkbank liegen, auf den Gehweg kacken etc. Die Möglichkeiten existieren *tatsächlich* parallel. Erst wenn Sie die Augen öffnen und gucken, wo Waldi ist, also eine »Messung« machen, materialisiert sich der Hund.

Es ist nun an der Zeit, einen für Quantencomputer zentralen Begriff einzuführen, das Quantenbit, oder kurz Qubit. Es ist die Quantenversion des klassischen Begriffs »Bit«. Das Bit ist die grundlegende Maßeinheit für Information, ähnlich wie »Gramm« oder »Meter« Maßeinheiten für Masse bzw. Länge sind. Doch während ein Meter noch zerteilt werden kann, ist das Bit eine Art Elementarteilchen der Information. Weniger Information als 1 Bit gibt es nicht. Es ist die knappste Antwort, die man auf eine Frage geben kann: »Ja« oder »Nein«, in der Sprache der Computer »0« oder »1«. Computer verarbeiten Information bitweise. Sie rechnen mit Dualzahlen, die aus den Ziffern 0 und 1 zusammengesetzt sind. Technisch umgesetzt werden Bits zum Beispiel in Form von Transistoren, winzige Schalter, die einen Stromfluss an- oder abschalten können, also quasi »Ja« oder »Nein« verkörpern.

Wie das Qubit sich hiervon unterscheidet, können Sie sich sicherlich schon denken. Genau: Es verkörpert »Ja« und »Nein« *gleichzeitig*. Quantenobjekte lassen sich als Speichereinheit verwenden. So kann das eine Energieniveau eines Atoms als 0 und ein zweites als 1 identifiziert werden. Oder ein rechtsherum rotierendes Elektron bedeutet 0, während ein linksherum rotierendes 1 bedeutet. Die Quantenobjekte können nun aber dank der Superposition beide Zustände gleichzeitig annehmen. Sie können also 0 und 1 simultan speichern. Solche ambivalenten Speicherzellen nennt man eben Qubits. Die in Quantenobjekten gespeicherte Information bezeichnet man als Quanteninformation.

Zu sagen, das Qubit könne die zwei möglichen Werte eines Bits simultan speichern, greift genau genommen zu kurz. Ein Quantencomputer zieht vielmehr Nutzen aus der Tatsache, dass ein Qubit *unendlich* viele Werte annehmen kann, wie der folgende Kasten zeigt.

Das unendliche Qubit

Stellen wir uns einen Globus vor. Ein Pfeil deutet vom Mittelpunkt zu einem Punkt an der Kugeloberfläche (siehe Abb. 3.7). Ein klassisches Bit kann in diesem Bild nur zwei Zustände einnehmen: der Pfeil zeigt zum Nordpol, das ist die »0«, oder er zeigt zum Südpol, das ist die »1«. Beim Qubit kann der Pfeil überallhin zeigen. Zeigt er auf einen Punkt am Äquator, dann stellt er eine gleichmäßige Mischung aus »0« und »1« dar. Diese Mischung kann zu jedem der unendlich vielen Punkte zeigen, aus denen die Äquatorlinie sich zusammensetzt. Die geographische Länge entspricht dann der »Phase« des Qubits, ein für einen Quantencomputer wichtiger Begriff.

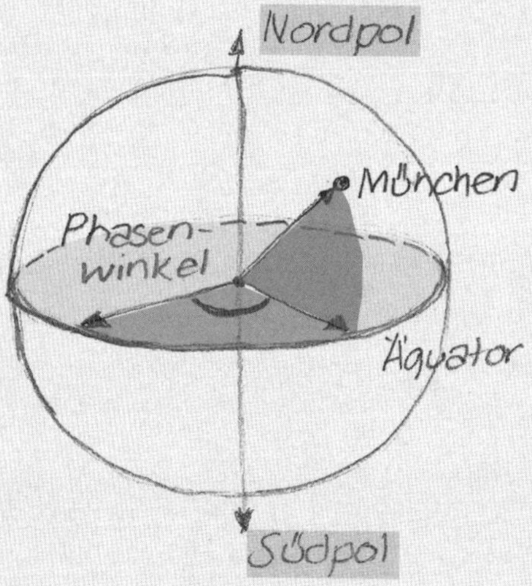

Abb. 3.7 Graphische Darstellung eines Qubits, auch »Blochkugel«* genannt. Ein klassischer Computer kann nur die Werte »0« oder »1« annehmen, was hier dem Nord- bzw. Südpol entspricht. Das Qubit hingegen kann jeden Punkt der Kugeloberfläche als Wert speichern und damit unendlich viele Mischungen aus »0« und »1« darstellen.

Der Pfeil auf der Blochkugel kann auch nach München zeigen, nach Sydney oder Buenos Aires, was jeweils einer anderen Mischung von »0« und »1« entspricht. Unendlich viele Punkte auf der Oberfläche des Globus – und alle sind dem Qubit zugänglich.

* Benannt nach dem schweizerisch-US-amerikanischen Physik-Nobelpreisträger Felix Bloch (1905–1983).

Erwin Schrödinger haben die Geister, die er mit der Superposition rief, gar nicht gefallen. Er hielt die Vorstellung simultan existierender Gegensätze für absurd. Frappierend zeigte er mit seinem Gedankenexperiment »Schrödingers Katze« was die Superposition in der Welt, die wir mit den Augen sehen können, bedeuten würde.

Die Zombie-Katze

In einer verschlossenen Kiste sei eine Katze zusammen mit folgender »Höllenmaschine« (Schrödinger) eingesperrt. Ein radioaktiver Atomkern, der binnen der nächsten Stunde vielleicht zerfällt, vielleicht aber auch nicht. Falls er zerfällt, spricht ein Geigerzähler an, dessen Signal wiederum einen Hammer auslöst, der eine mit Blausäure gefüllte Flasche zertrümmert. Das Gift wird freigesetzt und die Katze stirbt.

Der Auslöser für den Katzentod ist der Zerfall des Atomkerns, der von der Quantenphysik gesteuert wird. Wir wissen: Erst durch eine Messung entscheidet sich, ob der Atomkern zerfällt oder nicht. Davor ist das System in einer Superposition, in der der Kern sowohl zerfallen als auch intakt geblieben ist. Die Messung besteht in diesem Fall darin, die Kiste zu öffnen und zu gucken, ob die Katze tot ist oder lebendig. Solange wir das nicht tun, existieren also beide Möglichkeiten parallel:

A: Die Katze lebt.

UND

B: Die Katze ist tot.

In einem Satz: Die Katze lebt und sie ist tot.

Noch ein paar sich ausschließende Eigenschaftspaare aus dem Alltag, die illustrieren, zu welchen Hirnverrenkungen uns die Quantenphysik nötigt: ein Karussell, das sich links- und rechtsherum dreht, ein Auto, das über 50 und unter 50 fährt, ein Esser, der satt und hungrig ist.

Hat Schrödinger Sie überzeugt, dass die Superposition ein Hirngespinst sei? Zugegeben: Die Parallelexistenz von Möglichkeiten ist eine *Interpretation* der Wellenfunktion. Die Wellenfunktion könnte lediglich ein mathematisches Konstrukt sein, mit dem man zwar die Wahrscheinlichkeit für ein Messergebnis ausrechnen kann, das aber selbst nicht *wirklich* ist.

In dem Punkt zumindest, dass sichtbare Objekte keine Superposition zeigen, hat sich Schrödinger geirrt. Forscher der University of California in Santa Barbara haben ein zwar winziges, aber sichtbares Objekt in Superposition versetzt. Sie brachten eine winzige Stimmgabel (4 Hundertstel Millimeter klein) in einen Zustand, in dem sie schwang und gleichzeitig nicht schwang,[16]

16 O'Connell et al.: nature, Vol. 464, No. 7287 (2010)

sodass ihr schwingender Arm an zwei Orten gleichzeitig war. Die zwei Orte konnte man allerdings nicht sehen. Den Befund haben die Forscher indirekt über Quanteninterferenz nachgewiesen. Physiker versuchen nun, noch größere Objekte in einen quantenphysikalischen Überlagerungszustand zu bringen.

Kommen wir nun zu einer faszinierenden Folge der Superposition. Frei nach Einsteins Zitat »Gott würfelt nicht« wollen wir uns einen entscheidenden Unterschied zwischen »Gottes Würfel«, also einer Quantenphysik-Version eines Würfels, und einem klassischen Spielwürfel ansehen. Beim klassischen Pendant kommt jede Augenzahl mit der *gleichen Wahrscheinlichkeit* vor – nämlich zu einem Sechstel. Nach 6000 Würfen waren rund 1000 Sechsen, 1000 Fünfen, 1000 Vieren usw. dabei. Die Chancen, eine Eins oder eine Sechs zu würfeln, sind unabhängig voneinander, sie beeinflussen sich nicht. Gottes Würfel hingegen ist nicht so einfach gestrickt. Vor dem Wurf existieren alle sechs Augenzahlen in einer Superposition. Die Möglichkeiten können sich gegenseitig beeinflussen. Wenn Wellentäler und -berge aufeinandertreffen, können sie sich sogar auslöschen. So kann es sein, je nachdem, wie man Gottes Würfel gestaltet, dass bei 6000 Würfen *nie* eine Eins, Drei oder Fünf kommt. Dafür aber je 2000 Mal die Zwei, Vier und die Sechs.

Übrigens bedeuten die dunklen Streifen in Abb. 3.4 genau das: Die Wahrscheinlichkeiten für das Elektron, das durch Spalt 1 kommt, an den dunklen Orten aufzutreffen und für das gleiche Elektron, das durch Spalt 2 kommt, dort zu landen, löschen sich exakt aus.

Die Superposition ist ein äußerst fragiles Gebilde, es zerfällt buchstäblich schon, wenn man es bloß anschaut. Sogar wenn das Elektron gar nicht durch Verschließen eines der Spalte dazu gezwungen wird, nur durch den anderen zu gehen, kann die Interferenz der beiden Wege zerstört werden.

Dabei spielt *Information* eine zentrale Rolle, wie das folgende Gedankenexperiment demonstriert. Wir stellen uns wieder den Doppelspalt vor, bei dem ein Elektron gleichzeitig durch beide Spalte fliegt und mit sich selbst interferiert. Was passiert, wenn wir an einem der Spalte einen Detektor anbringen, um festzustellen, ob das Elektron den Weg durch diesen Spalt nimmt? Vor der Messung existiert eine Superposition aus »Elektron geht durch Spalt 1« und »Elektron geht durch Spalt 2«. Wenn der Detektor, sagen wir, an Spalt 1 angebracht ist und klickt, wissen wir, dass das Elektron durch Spalt 1 gegangen ist. Das ist eine *Messung* des Weges, die Superposition aus beiden Wegen wird dadurch zerstört. Dieses Elektron wird nicht zum Interferenzmuster beitragen.

Superposition: Wofür taugt sie?

Ob Möglichkeiten nun wirklich und buchstäblich gleichzeitig existieren, ist eine philosophische Frage. Doch das ändert nichts daran, dass die Superposition sich technisch nutzen lässt. Insbesondere für den *Quantencomputer.* Sie ist somit real!

Weil Qubits mehrere Werte speichern können, helfen sie dem Quantencomputer, sozusagen in mehreren Welten gleichzeitig zu rechnen. Darauf basiert seine Fähigkeit, viele Lösungsmöglichkeiten simultan zu testen. Die falschen Lösungen können sich gegenseitig auslöschen, sodass die richtige übrig bleibt.

Durch diese Fähigkeit bedroht der Quantencomputer allerdings die Datensicherheit (siehe Kap. 1). Dank der Superposition bietet die Quantenphysik aber einen Ausweg.

Sie garantiert nämlich die *Abhörsicherheit von Kommunikation.* Genauer gesagt, ermöglicht sie ein abhörsicheres Protokoll, mit dem Alice und Bob einen geheimen Schlüssel austauschen können. Diesen können sie dann verwenden, um sich verschlüsselte Botschaften zu senden. Wie, das werden wir in Kapitel 4 sehen.

Die Superposition macht den *Quantencomputer* in puncto Speicher- und Verarbeitungskapazität dem klassischen Computer überlegen. Ein Qubit kann »0« und »1« gleichzeitig speichern. Zwei Qubits können schon vier Werte speichern, drei Qubits speichern acht Werte usw. Mit jedem zusätzlichen Qubit verdoppelt sich die Anzahl der speicherbaren Werte. Mit 300 Qubits schließlich lassen sich mehr Werte speichern, als das Universum Teilchen enthält!

Alle anderen aber auch nicht! Denn ob der Detektor klickt oder nicht: Seine alleinige Präsenz sagt uns, durch welchen Spalt das Elektron gegangen ist. Klickt er nicht, ist das Elektron eben durch Spalt 2 gegangen. Die Superposition wird durch die Welcher-Weg-Information zerstört. Dafür muss das Elektron noch nicht einmal in die Nähe des Detektors kommen!

Dieses Phänomen ist für die Erbauer von Quantencomputern ein Problem, das sie Dekohärenz nennen. Denn sie benutzen die Superposition zum parallelen Rechnen. Das Gedankenexperiment zeigt, dass jede aus dem System fließende Information die Superposition zerstört. Dies kann unbeabsichtigt geschehen. Bei Schrödingers Katze könnte Atemgas des Tieres aus der Kiste dringen. Ein Beobachter mit einem Atemgasmessgerät würde damit ein *Lebenszeichen* der Katze empfangen, die Superposition aus tot und lebendig wäre verloren. Die Kiste müsste also absolut gasdicht sein, was natürlich schwer vereinbar mit dem Katzenwohl ist.

Für den Quantencomputer gilt Ähnliches: Jedes Informationsleck kann eine seiner wichtigsten Ressourcen, die Superposition, zerstören. Das kann Wärmestrahlung sein, die Rückschlüsse auf den Zustand des Computers gibt, weswegen die Laborprototypen meist bei sehr tiefen Temperaturen arbeiten. Auch Luftmoleküle, die mit den Teilchen des Computers zusammenstoßen, können Information über letztere liefern, weshalb die Experimente meist unter Vakuum stattfinden müssen. Eine wichtige Größe für den Quantencomputer ist deshalb die Kohärenzzeit, also die Zeit, die er zum Rechnen hat, bevor die Dekohärenz die Superposition zerstört. Wir werden darauf in Kapitel 6 noch zurückkommen.

»Fotografieren mit verlorenem Licht«

Licht, das nie von einem Fotosensor registriert wird, kann dennoch zum Fotografieren genutzt werden, wie Wiener Physiker um Anton Zeilinger 2014 zeigten. »Fotografieren mit verlorenem Licht«, nannte das spektrum.de.

Das Ganze ist ein Beispiel für ein Konzept namens »wechselwirkungsfreie Messung«. Das zeigt, dass Dekohärenz nicht nur störend, sondern auch für Quantentechnologie nutzbar sein kann.

Auch beim Doppelspaltversuch muss das Elektron nicht in die Nähe des Detektors kommen, um an die Welcher-Weg-Information zu gelangen. Indem man beobachtet, ob eine Interferenz entsteht oder nicht, lässt sich entscheiden, ob einer der Wege durch ein störendes Objekt verstellt wird oder nicht. Man hat also die Möglichkeit, die Präsenz von etwas zu detektieren, ohne damit in Wechselwirkung zu treten. Das könnte zum Beispiel eine Bombe sein, die schon losgeht, wenn sie nur von einem einzigen Photon getroffen wird, wie es ein unter Physikern beliebtes Gedankenspiel vorschlägt.

Das Fotografieren mit verlorenem Licht funktioniert ähnlich. Es arbeitet mit zwei Lichtstrahlen, von denen einer das Objekt abtastet und der zweite, der am Objekt vorbeiläuft, vom Detektor registriert wird. Wichtig dabei: Die beiden Strahlen haben unterschiedliche Wellenlängen.

Somit wird es z. B. möglich, Fotos mit Wellenlängen zu machen, für die es keine guten Detektoren gibt, meint Zeilinger. Er hält es auch für möglich, einmal Röntgenaufnahmen zu machen, ohne den Patienten Röntgenstrahlen auszusetzen.

Die Dekohärenz ist übrigens der zweite Grund, warum die Wellennatur Ihres Körper oder eines Autos nicht zutage tritt. Die unfassbar vielen Atome eines so riesigen Objekts wechselwirken ständig mit ihrer Umwelt, wodurch Ihr Körper mehr Informationslecks hat als eine Jahresproduktion von Schweizer Käse Löcher. Man kann Sie beispielsweise auf der Straße gehen sehen, Sie reden hören usw. Eine Superposition kann sich so nicht aufrechterhalten.

»Spukhafte Fernwirkung«

Welle-Teilchen-Dualismus und Superposition sind zwar schon recht bizarr, aber ein Kindergeburtstag verglichen mit der so genannten Verschränkung. Erwin Schrödinger meinte, sie sei *die* charakteristische Eigenschaft der Quantenphysik. Mit der Verschränkung verlasse die Quantenwelt komplett das Denken der klassischen Physik, schrieb er.

Was ist Verschränkung? Dazu betrachten wir zwei Teilchen, die aus einem Prozess hervorgehen, zum Beispiel dem Zerfall eines dritten Teilchens. Teilchen haben oft einen so genannten »Spin«, so der englische Ausdruck für »Drehung« oder »Drall«. Gemeint ist eine Art Kreiselbewegung von Partikeln, die linksherum, »spin-down« genannt, bzw. rechtsherum, »spin-up« genannt, erfolgen kann.

Was passiert, wenn ein Teilchen *ohne* Spin in zwei Teilchen zerfällt, die jeweils einen Spin haben? Der Spin ist eine Erhaltungsgröße, d. h., vor dem Zerfall und danach muss er gleich sein. Deshalb *müssen* die beiden Zerfallsprodukte sich entgegengesetzt herumdrehen, damit sich die beiden Spins neutralisieren.

Auch wenn die Teilchen sich mit 1000 Stundenkilometern voneinander entfernen, bleibt diese gemeinsame Eigenschaft erhalten: Sie müssen sich entgegengesetzt herumdrehen. Was den Spin angeht, bilden die beiden Partikel *ein* zusammenhängendes Quantenobjekt.

In einem Quantenobjekt existieren, wie wir wissen, alle Möglichkeiten parallel, solange niemand eine Messung macht. Solange also niemand den Spin eines der Teilchen misst, gibt es beide Möglichkeiten:

Teilchen 1 dreht sich linksherum, Teilchen 2 rechtsherum
UND
Teilchen 1 dreht sich rechtsherum, Teilchen 2 linksherum

Teilchen 1 ist inzwischen bis nach Hamburg gereist, wo Bob ein Messlabor betreibt, und Teilchen 2 nach München, wo die Laborantin Alice heißt. In

Hamburg misst nun Bob den Spin und findet eine *Links*drehung. Jetzt kommt der Witz: *Im gleichen Moment* steht fest, dass Alice in München *rechts*herum messen wird!

Bildlich kann man sich das als ein Paar von Synchronschwimmern vorstellen, von denen Schwimmer 1 in einem Hamburger Becken und Schwimmer 2 in einem Münchner Becken schwimmt. Angenommen, sie hätten keine Choreographie festgelegt: Wären sie verschränkt, könnten sie trotzdem synchron schwimmen.

Entschlösse sich 1, den rechten Arm zu heben, verspürte 2 in 600 Kilometer Entfernung im gleichen Moment den Zwang, den linken zu heben. Wie durch Telepathie hätte er einen direkten Draht nach Hamburg.

Laut der Relativitätstheorie von Einstein kann keine Information schneller reisen als das Licht. Für die 600 Kilometer Luftlinie von Hamburg nach München braucht es etwa zwei Tausendstel Sekunden. Folgendes ist durch Experimente bewiesen: Auch wenn Alice ihre Messung nur eine Tausendstel Sekunde nach Bobs Messung macht, wird sie sicher *rechts*herum messen. Allgemein gesagt wird sie immer das Gegenteil von Bob messen, auch wenn ihre Messung stattfindet, *bevor* Information mit Lichtgeschwindigkeit in München eintreffen kann.

Das Geschilderte ist ein Beispiel für Verschränkung. Allgemein ist Folgendes damit gemeint: Werden Teilchen nach einem Kontakt voneinander getrennt, verhalten sie sich, als wären sie noch immer verbunden. Wird das erste Partikel beeinflusst, reagiert das andere simultan. Keine noch so riesige Entfernung kann die Teilchen scheiden: Sie bilden ein unteilbares Ganzes. Der Begriff Verschränkung deutet an, dass Teilchen, die miteinander eine Wellenfunktion teilen, so innig miteinander verbunden bleiben, dass räumliche Trennung keine Rolle spielt. Anders gesagt: Man kann sie nicht trennen, indem man Kilometer um Kilometer zwischen sie bringt.

Albert Einstein wollte wegen dieser »spukhaften Fernwirkung« nicht an die Quantenphysik glauben. Intuitiv muss man ihm recht geben. Denn zwei Objekte können sich entweder direkt beeinflussen, wie zwei Billardkugeln, die aneinanderstoßen. Oder sie wirken über Distanz aufeinander ein. Dazu braucht es aber ein Medium. So wird die Schwerkraft über Gravitonen genannte Teilchen übermittelt, elektrische oder magnetische Kräfte durch Photonen. Diese Botenteilchen können aber die Lichtgeschwindigkeit nicht übertreten.

Sieg des kosmischen Tempolimits

Die Quantenphysik scheint dieses kosmische Tempolimit zu brechen: Selbst wenn Teilchen 1 auf der Erde und Teilchen 2 in der Andromeda-Galaxie wären, würden sich die Partikel wie durch Telepathie im selben Augenblick miteinander über das Messergebnis austauschen. Das klingt unglaublich. Experimente haben es in kleinerem Maßstab aber belegt. Die »spukhafte Fernwirkung« wurde über 144 Kilometer bestätigt. Dabei wurden die Messungen an zwei entfernten Partikeln innerhalb einer Zeit ausgeführt, die für einen Informationsaustausch mit Lichtgeschwindigkeit zu kurz gewesen wäre.

Einstein meinte, die späteren Messergebnisse von Bob und Alice würden schon beim Entstehen der beiden Teilchen vorherbestimmt. Wieder ein Vergleich mit Synchronschwimmern: Sie machen gleichzeitig die gleichen Bewegungen, weil sie vor der Show trainiert haben, das Bewegungsprogramm also in ihren Köpfen gespeichert ist. Daher würden sie sich auch synchron bewegen, wenn der eine in München und der andere in Hamburg schwimmen und der Startschuss exakt um 12 Uhr fallen würde. Physiker nennen diese im »Gedächtnis« der beiden Teilchen versteckte Information »verborgene Parameter«. Dank ihnen, so Einstein, wäre die »spukhafte Fernwirkung« zwischen den Partikeln überflüssig.

Physiker haben Modelle aufgestellt, die die Quantenphysik um diese verborgenen Parameter ergänzen. Jahrzehnte nach Einsteins Tod konnten diese Modelle experimentell geprüft werden. Sie gaben dem Genie aber bislang nicht recht. Alles spricht dafür, dass die »spukhafte Fernwirkung« tatsächlich existiert.

Dass Einstein unrecht hatte, bedeutet aber nicht das Aus für seine Relativitätstheorie. Denn alles, was keine Information übermittelt, darf sich laut Einstein durchaus schneller als Licht bewegen. Und die »Telepathie« der Teilchen erlaubt keinen Transfer von Information zwischen Alice und Bob! Bob hat keine Möglichkeit, seine Messergebnisse irgendwie zu steuern. Wenn er oft misst, bekommt er eine rein zufällige Abfolge von »links-« bzw. »rechtsherum«. Da Alice immer das Gegenteil misst, bekommt auch sie eine rein zufällige Abfolge. Und der nackte Zufall enthält keinerlei Botschaft, er gleicht dem Rauschen im Radio, wenn kein Sender eingestellt ist.

Gebeamte Teilchen

In der Science-Fiction-Serie »Raumschiff Enterprise« lassen sich Captain Kirk und Co. des Öfteren auf die Oberfläche eines fremden Planeten »beamen«. Was der Bordingenieur Scotty durch Schieben einiger Regler da mit seinen Kollegen macht, eine Teleportation, halten Physiker für unmöglich. Ein Objekt kann Entfernung nicht ohne Zeitverlust überwinden. Zumindest gilt das für ein klassisches Objekt, einen Menschen oder ein Auto beispielsweise.

»Entfernung ohne Zeitverlust überwinden« deutet es schon an: Mithilfe der Verschränkung lassen sich Quantenobjekte durchaus teleportieren. Anton Zeilingers Team hat dies 1997 erstmals bewiesen, indem es ein Qubit einen Meter weit teleportierte, was dem schrulligen Physiker den Spitznamen »Mr. Beam« einbrachte. Die überwundenen Entfernungen steigerten sich im Lauf der Zeit. Ein Team von der University of Science and Technology of China in Shanghai beamte ein Qubit 2012 knapp 100 Kilometer weit. Das ist schon eine Entfernung, in der ein Raumschiff um einen Planeten kreisen könnte.

Wie funktioniert die Quanten-Teleportation? Alice und Bob sitzen in München bzw. Hamburg und teilen sich ein Paar verschränkter Qubits, nennen wir die Qubits A und B. Alice besitzt ein drittes Qubit C. Das Ziel ist es, den Quantenzustand von C, also die gesamte in C gespeicherte Information, auf B zu übertragen. Das wäre dann ein Materietransfer, ohne dass wirklich Materie transportiert wurde. Denn B wäre eine exakte Kopie von C. Und Qubits sind *immer* irgendwelche Materieteilchen, also Atome, Elektronen oder Photonen. Zwar ist im Grunde nur Information von C zu B geflossen. C würde aber seinen Quantenzustand verlieren, während B ihn aufnimmt. Unterm Strich ist der Vorgang durch nichts von einem wirklichen Transfer der Materie zu unterscheiden. Er heißt also zu Recht Teleportation.

Wofür braucht man Teleportation?

Abhörsichere Kommunikation mittels Quantenphysik werden wir in Kapitel 4 kennenlernen. Über Kontinente hinweg kann dieses Verfahren jedoch nur funktionieren, wenn das Signal alle 50 oder 100 Kilometer aufgefrischt wird. Das soll durch so genannte *Quantenrepeater* geschehen, die es durch Teleportation weiterreichen.

Auch der Informationstransfer innerhalb eines Quantencomputers, etwa wenn Daten vom Speicher in den Prozessor transferiert werden, könnte mittels Teleportation geschehen.

Dass Alice eine Messung an C macht und Bob das Ergebnis mitteilt, woraufhin er B in den entsprechenden Zustand bringt, ist keine Option. Denn das Qubit liegt in einer Superposition vor. Sein Quantenzustand ist die Information darüber, mit welcher Wahrscheinlichkeit die zwei Möglichkeiten »0« und »1« jeweils bei einer Messung herauskommen werden. Die Wahrscheinlichkeiten selbst bleiben aber im Verborgenen, denn durch eine einzelne Messung erhält man konkret z. B. »1«, aber nicht die Information, wie wahrscheinlich dieses Ergebnis war, eben wie man auch nicht durch einen einzigen Wurf feststellen kann, ob ein Würfel gezinkt ist.

Aber mit etwas Trickserei geht es doch. Alice verschränkt C mit dem schon verschränkten Paar A, B. Es entsteht ein verschränkter Dreier. Dadurch fließt schon Information über den Quantenzustand von C zu B. Allerdings ist diese noch nicht eindeutig. Bob muss den Zustand von B ändern, um die exakte Kopie zu erhalten. Wie, das kann nur Alice ihm mitteilen, indem sie Messungen an A und C macht. Per Telefon informiert sie Bob über die Ergebnisse. Abhängig davon veranlasst Bob bestimmte Operationen, die B in den Zustand von C bringen.

Beruhigend daran ist, dass Alice und Bob telefonieren müssen, ein Prozess, der nicht schneller als Licht vor sich geht (gleiches gilt für E-Mail und jeden anderen Kanal, mit dem Alice ihre Messergebnisse an Bob senden könnte). Also kann die Teleportation nicht schneller als mit Licht erfolgen. Ein zweiter Punkt ist wichtig: Weil Alice an C misst, zerstört sie dessen Superposition. Die Quantenteleportation ähnelt also nicht dem Faxen, bei dem das Original erhalten bleibt. Das zeigt, dass Qubits nicht kopiert werden können – was wichtig für Quantencomputer und andere Anwendungen ist.

Verschränkung: Wozu ist sie gut?

Verschränkung könnte *Fotografie im fast Dunkeln* ermöglichen. Digitalkameras werden zwar immer besser, aber eines bleibt: Je dunkler es wird, desto mehr »Rauschen« ist im Bild, d. h., die Bildpixel schwanken in der Farbe und Helligkeit. Der Grund ist, dass die Lichtintensität immer ein wenig schwankt. Bei hellem Licht fallen diese Fluktuationen aber nicht ins Gewicht. Bei schwachem Licht hingegen sind sie ähnlich groß wie die Lichtintensität selbst, daher überdecken sie das eigentliche Motiv. Ohne Rauschen könnte man mit fast beliebig wenig Licht fotografieren.

Mit verschränkten Lichtstrahlen ist das prinzipiell möglich, zeigten US-Forscher. Die Fluktuationen der beiden Strahlen sind genau entgegengesetzt: Nimmt der eine Strahl durch Rauschen an Intensität zu, schwächt sich der andere um den gleichen Betrag ab. Verwendet man beide Strahlen, um das gleiche Bild zu machen, dann neutralisieren sich die Schwankungen. Das Rauschen ist eliminiert. Bahn frei für nächtliche Fotografien! Allerdings brauchten die Forscher noch einen aufwendigen Versuchsaufbau dafür. Die Quanten-Kamera wird also noch auf sich warten lassen.

Die Verschränkung von Photonen lässt sich auf ähnliche Weise auch für hochempfindliche Sensoren nutzen. Auch hier überwindet sie Grenzen der Präzision, die die klassische Physik setzt. Forscher der Universität Stuttgart entwickeln derzeit einen Sensor auf einem Halbleiterchip, der dank Verschränkung *einzelne Moleküle nachweisen* soll.

Durch Verschränkung erhöhte Präzision kann auch ohnehin schon hoch genaue Atomuhren noch genauer machen. Weil Satellitennavigationssysteme mithilfe von Atomuhren arbeiten, könnte so z. B. ein millimetergenaues Navigationssystem aufgebaut werden das genau genug wäre, um Autos oder Lkws den Fahrer zu ersparen.

Die Atomuhren in mehreren Satelliten könnten miteinander verschränkt werden, sodass sie praktisch von selbst synchron laufen. Auch das würde die Präzision von GPS erhöhen. Die derzeit komplizierte Koordination von Atomuhren in verschiedene Zeitzonen könnte auf diese Weise ebenfalls vereinfacht werden.

Die Verschränkung ist der *Turbolader für den Quantencomputer.* Sie verbindet die Qubits auf eine Weise miteinander, dass sie knifflige Aufgaben lösen können, wie wir in Kapitel 5 sehen werden.

Zum Abschluss dieses Kapitels stelle ich Ihnen einen weiteren typischen Quanteneffekt vor, für den es in der klassischen Physik keine Erklärung gibt und der in der Quantentechnik eine wesentliche Rolle spielt: der Tunneleffekt.

Angenommen jemand fährt mit dem Auto durch eine Hügellandschaft. Er hat nicht auf den Tankfüllstand geachtet, und während er ein Gefälle hinunterfährt, geht der Sprit aus. Die nächste Tankstelle befindet sich erst hinter dem nächsten Hügel. Er hofft, dass er durch das Bergabrollen genug Tempo gewinnt, um den nächsten Hügel noch überwinden zu können. Doch Pustekuchen. Zwar rollt das Auto noch ein Stück den nächsten Hügel hinauf. Auf der Hälfte der Strecke »verhungert« es aber.

Sie ahnen es vielleicht schon. Würde das Auto den Gesetzen der Quantenphysik gehorchen, könnte es mit einer gewissen Wahrscheinlichkeit die Tankstelle erreichen, obwohl seine Energie nicht reicht, den Hügel zu überwinden. Nach der klassischen Physik einfach unmöglich.

Tunneleffekt: Wofür ist er gut?

Eine Anwendung des Tunneleffekts ist das so genannte *Rastertunnelmikroskop (RTM)*. Dabei fließen Elektronen zwischen einer sehr feinen Spitze und einer Oberfläche, obwohl keine leitende Verbindung besteht. Der Tunneleffekt ist schuld daran. Eine Regelung hält den Tunnelstrom konstant, sodass die Nadel immer gleich weit von der Oberfläche entfernt bleibt. So macht sie die Rauigkeiten der Oberfläche mit. Der Witz dabei: Selbst wenn die Rauigkeit durch ein einziges Atom verursacht wird, kann man sie sehen. Das RTM wird in der Nanotechnologie eingesetzt, etwa um die Qualität von sehr fein strukturierten Oberflächen zu prüfen.

Auch die *Leseköpfe von Festplattenlaufwerken* nutzen den Tunneleffekt. Sie detektieren kleine magnetische Signale von der unter ihnen rotierenden Festplatte. Im Lesekopf befinden sich zwei magnetische Schichten, die durch eine sehr dünne isolierende Schicht getrennt sind. Durch die dünne Schicht können Elektronen tunneln, sodass ein Strom fließt. Wirkt ein äußeres Magnetfeld auf dieses Sandwich ein, verändert sich die Intensität des Tunneleffekts und damit der fließende Strom. Das magnetische Signal von der Festplatte wurde also in ein elektrisches Signal umgewandelt, mit dem der Computer arbeiten kann.

Aber ein Teilchen kann eine Barriere durchdringen, obwohl seine Energie dafür nicht ausreicht. Denn seine Wellenfunktion dringt in die Barriere ein. Zwar klingt sie mit zunehmender Eindringtiefe immer weiter ab. Doch wenn die Barriere nicht allzu dick ist, kommt noch ein nennenswerter Teil der Wellenfunktion am anderen Ende an. Das heißt, es gibt eine gewisse Chance, das Teilchen auf der anderen Seite der Barriere anzutreffen. Die Barriere darf allerdings nicht besonders dick sein, einen Nanometer etwa, also rund 50.000 Mal dünner als ein menschliches Haar.

Mit Materiewellen, Superposition, Verschränkung und Tunneleffekt kennen Sie nun die Begriffe, mit denen sich Quantencomputer und Co. gut verstehen lassen. So können wir uns auf die Reise ins Quanten-Wunderland begeben. Im nächsten Kapitel werden wir sehen, wie diese Quanteneffekte bereits heute technisch genutzt werden.

4 Geisterpartikel im Flashspeicher und erste Babysteps zum Quantencomputer

Wie werden die unbegreiflichen Phänomene der Quantenphysik heute schon technisch genutzt?

»Die virtuelle Revolution übersteigt unsere mentale Reichweite.«
Franz Schmidberger, deutscher Publizist

1963: So etwas wie die Kuba-Krise sollte es nie wieder geben. Holprige Kommunikation zwischen Moskau und Washington hatte die Welt an den Rand eines Atomkriegs gebracht. Mit sage und schreibe zwölf Stunden Verspätung hatte US-Präsident John F. Kennedy eine Nachricht des sowjetischen Regierungschefs Nikita Chruschtschow erhalten, was eine zwischenzeitliche Verschärfung des Tons bei den Sowjets verursachte. Gottlob ignorierte Kennedy die zweite, aggressivere Nachricht und antwortete auf die erste.

In Zukunft sollten Nachrichten schneller fließen, war man sich nach der Kuba-Krise einig. Die Supermächte richteten einen heißen Draht zwischen ihren Hauptstädten ein. Natürlich sollte entlang der Tausende Kilometer langen Verbindung, die zum Teil über Telefonkabel lief, niemand mitlesen können. Ein absolut unknackbarer Code musste her.

Zum Glück für die gesprächswilligen Kalten Krieger gab es so etwas tatsächlich: den so genannten One-Time-Pad, zu deutsch auch Einmalschlüssel-Verfahren. Bei Spionen war er damals schon sehr beliebt, da er mit einem Block Papier und ohne verdächtige Chiffriermaschinen umsetzbar ist.

Allerdings hat er einen Haken. Sender und Empfänger teilen einen Schlüssel, den nur sie alleine kennen. Der Schlüssel darf jeweils nur für eine einzige Nachricht benutzt werden, für die nächste muss man einen neuen verwenden. Da der Schlüssel zudem genau so lang sein muss wie die Nachricht selbst, kann schnell viel Aufwand entstehen, allein um die Schlüssel zu verteilen. Für den »heißen Draht« war das verkraftbar, denn er schwieg die meiste Zeit. Doch wenn heute Mega- und Gigabytes im Sekundentakt durch die Glasfaserkabel rauschen, ist der One-Time-Pad unbrauchbar.

Gesucht: Ein Schlüssel, den auch die NSA nicht knackt

Was schade ist, denn spätestens seit Edward Snowdens Enthüllungen steigt das Bedürfnis nach Abhörsicherheit. Von der Hausfrau in Köln-Müngersdorf bis in die Chefetagen von Siemens oder Deutscher Bank: Niemand kann nach Snowden noch bedenkenlos E-Mails schreiben oder Daten bei Internet-Serviceprovidern ablegen. Der US-Geheimdienst NSA knackte mithilfe von Supercomputern im Internet genutzte Codes, sammelte verschlüsselte Daten, um sie in Zukunft mit noch stärkeren Computern zu brechen, arbeitete mit Internet-Serviceprovidern zusammen, um Hintertürchen in deren kommerzielle Verschlüsselungsprodukte einzubauen und schleuste Schwächen in Verschlüsselungstechniken ein, um sie später auszunutzen. »Gewaltige Mengen von Internetdaten sind nun verwertbar«, heißt es in einem britischen Geheimdienstmemo von 2010.[17]

Wäre da nicht eine Art internettauglicher One-Time-Pad wünschenswert? Ein zu 100 Prozent sicherer Schlüssel, der sich im Gigabytetakt der modernen Informationswelt erzeugen und über das Internet austauschen lässt? Die Quantenphysik liefert tatsächlich die Möglichkeit dafür. Das Zauberwort heißt: Quantenschlüsselaustausch (engl. quantum key distribution, kurz QKD).

Es gibt seit 2004 sogar schon kommerzielle QKD-Systeme. Weltweit verkaufen vier darauf spezialisierte Anbieter (Stand August 2014) ihre Geräte. Die Technik wird für sensiblen Datenverkehr genutzt. Bei den Schweizer Nationalratswahlen 2007 übertrug sie Wählerstimmen von einem Genfer Wahllokal in eine Datensammelzentrale. Die südafrikanische Millionenstadt Durban richtete 2008 einen QKD-Kanal zwischen Verwaltungsgebäuden in unterschiedlichen Stadtteilen ein. Bei der Fußball-WM 2010 schützte die Technik E-Mails, Telefonate und Überwachungsvideos, die zwischen dem WM-Stadion in Durban und der Polizei, dem Militär und der Feuerwehr ausgetauscht wurden. Das US-Forschungsinstitut Batelle, das kommerzielle Anwendungen entwickelt, versendet sensible Informationen, z. B. geistiges Eigentum oder Design zwischen seinen Standorten im US-Bundesstaat Ohio mit einer Quanten-

---

17 Propuplica: Revealed: The NSA's Secret Campaign to Crack, Undermine Internet Security. http://www.propublica.org/article/the-nsas-secret-campaign-to-crack-undermine-internet-encryption

verschlüsselung. Im Verlauf des Jahres 2015 will es auch seine Büros im 400 Meilen entfernten Washington in das Quantennetzwerk einbinden. Laut dem Genfer Hersteller »ID Quantique« nutzen auch Banken und Regierungen, insbesondere in der Schweiz, den Quantenschlüsselaustausch.

In Asien tut sich mehr als in Europa: In den chinesischen Städten Hefei und Jinan arbeiten bereits QKD-Netzwerke. In Jinan verbindet es 28 Institutionen und deckt 70 Quadratkilometer Fläche ab. Auch Tokio besitzt ein QKD-Netzwerk, das bislang Test- und Demo-Zwecken diente (es übertrug z. B. Video). Das Netz werde derzeit weiterentwickelt, antwortet Masahide Sasaki, vom Nationalen Institut für Informations- und Kommunikationstechnik in Tokio auf meine Anfrage. Das Ziel sei es, die gesamte japanische Metropole abzudecken. »Zudem entwickeln wir Technologien für ein weltumspannendes sicheres Netz«, so Sasaki.

Den wohl ambitioniertesten Plan verfolgt aber China. Bis 2016 will das Riesenreich das weltgrößte Quantennetzwerk zwischen den Metropolen Peking und Schanghai aufbauen. Es soll sich über 2000 Kilometer erstrecken und vorläufig von der Regierung, dem Militär und wichtigen Institutionen der Wirtschaft, z. B. Banken, genutzt werden. Edward Snowdens Enthüllungen hätten Chinas Führung überzeugt, dass sichere Internettechnologie eine Priorität habe, schrieb die South China Morning Post.[18]

Doch die chinesischen Pläne reichen noch viel weiter: Bis 2020 soll ein sicheres Quantennetzwerk Asien und Europa verbinden und bis 2030 will das Riesenreich ein weltweites Quantennetzwerk aufbauen.[19]

Was können die Quanten, was herkömmliche One-Time-Pad-Verfahren nicht können?

Dazu erst ein paar Zeilen zu den alten Verfahren. Die Methoden der Spione waren noch recht krude. Agenten besaßen Blöcke mit einer individuellen Folge von zufällig gewählten Zahlen auf jedem Blatt, etwas wie »22 39 55 40 34 79 …«. Wenn sie die erste Botschaft an ihren heimischen Geheimdienst schickten, verwendeten sie den Schlüssel auf dem ersten Blatt, rissen es ab und vernichteten es. Bei der zweiten Meldung nahmen sie das zweite Blatt usw.

Sagen wir spaßeshalber, der Agent will den Klartext »ELBE« nach Hause senden. Den Klartext wandelt er in eine Ziffernfolge um, indem er nach einer

---

18 http://www.scmp.com/news/china/article/1631479/china-launch-hack-proof-quantum-communication-network-2016

19 http://english.cas.cn/newsroom/news/201411/t20141103_130416.shtml

allgemein bekannten Tabelle[20] die Buchstaben des Alphabets als zweistellige Zahlen darstellt, z. B. E = 15, L= 31, B = 12 usw. Dazu addiert er den Schlüsselwert, ohne die Zehner zu übertragen, wie in der folgenden Tabelle dargestellt.

Klartext	**E**	**L**	**B**	**E**
Klartext als Zahlenfolge	11	31	12	11
Schlüsselwert	22	39	55	40
Verschlüsselter Text	**33**	**60**	**67**	**51**

Mit der Botschaft »33 60 67 51«, die der Spion nun sendet, kann kein Lauscher etwas anfangen. Denn der Verschlüsselung liegt kein System zugrunde. Weil der Schlüssel eine Zufallsfolge ist, würfelt er den Klartext im wahrsten Sinne des Wortes willkürlich durcheinander. Man sieht das auch daran, dass der Buchstabe »E« zwei verschiedene Werte bekommt, einmal 33 und einmal 51. Es gibt keine Ziffern, die häufiger vorkommen als andere. Eine Analyse der verschlüsselten Botschaft ist unmöglich – es gibt nichts zu analysieren. Ein Angreifer hat ebenso wenig Chancen, den Klartext zu finden, wie ein Roulette-Spieler vorhersehen kann, welche Zahl als nächste kommen wird.

Doch wie kann dann die Geheimdienstzentrale den Klartext wieder herstellen? Ganz einfach: Sie besitzt den Einmalschlüssel des Agenten *ebenfalls* und zieht ihn nun, wieder ohne Zehnerübertragung, von der Botschaft ab.

Verschlüsselter Text	**33**	**60**	**67**	**51**
Schlüsselwert	22	39	55	40
Klartext als Zahlenfolge	11	31	12	11
Klartext	**E**	**L**	**B**	**E**

Das Ver- und Entschlüsseln in Handarbeit dauerte ein Weilchen. Zeit, die man sich beim »heißen Draht« zwischen Washington und Moskau nicht leisten wollte. Also nutzte man Chiffriermaschinen, die die Arbeit übernahmen. Das oft zitierte »Rote Telefon« hat es nie gegeben. An den beiden Enden des heißen Drahtes standen Fernschreiber.[21] Sie codierten Buchstaben, wie auch in der heutigen Informationstechnologie üblich, mit einer Folge der beiden Werte »0« und »1«. Im Grunde geschieht dabei nichts anderes als beim oben skizzierten Verfahren, nur dass man Dualzahlen verwendet statt Dezimalzahlen.

20 Eine Polybios-Tafel zum Beispiel, benannt nach dem vorchristlichen griechischen Geschichtsschreiber Polybios

21 http://www.cryptomuseum.com/crypto/hotline/index.htm

Der Zufallsschlüssel war ebenfalls eine Folge von »0« und »1«, z. B. 0010111001101011100001...

Sowohl im Pentagon als auch (vermutlich) im Kreml befanden sich jeweils identische Kunststoffbänder, in die diese Schlüssel als Lochmuster gestanzt waren (»0« = kein Loch, »1« = Loch). Die Chiffriermaschinen konnten diese Bänder abtasten und erledigten so den oben skizzierten Job automatisch.

Sicherheitslücke zwischen Moskau und Washington

So sicher das One-Time-Pad-Verfahren auch ist, es hat einen Schönheitsfehler. Beide Parteien müssen die gleichen Schlüssel besitzen, im Fall des »heißen Drahtes« Bänder mit identischen Lochmustern. Jede Seite produzierte eigene Schlüsselbänder, die zur jeweiligen Botschaft geliefert wurden und von dort ins Pentagon bzw. in den Kreml. Mit anderen Worten: Die Schlüsselbänder mussten Tausende Kilometer transportiert werden und gingen dabei durch mehrere Hände. Hände absolut vertrauenswürdiger Personen. Dennoch ließ sich nicht ausschließen, dass ein Doppelagent Kopien der Bänder anfertigte. Wenn eine dritte Partei sie besäße, könnte sie abgefangene Nachrichten entschlüsseln.

An diesem Punkt springt die Quantenphysik in die Bresche. Denn ihre Gesetze *verbieten* dem Lauschangreifer jeden Erfolg. Das ist bemerkenswert: *Naturgesetze*, und nicht die mehr oder weniger perfekte Sorgfalt oder der Kommunikationspartner, schützen den Nachrichtenaustausch. Dafür gibt es in der klassischen Physik keine Entsprechung!

Wie funktioniert das? Aus Kapitel 3 kennen wir Alice und Bob. Sie wollen jetzt einen geheimen Einmalschlüssel austauschen. Dazu verwenden sie Photonen. Die Lichtteilchen können nämlich die Bits »0« und »1« tragen und zwar in Form ihrer Polarisation. Die Polarisation ist die Richtung, in der eine Lichtwelle schwingt. Licht kann z. B. horizontal oder vertikal schwingen, ähnlich wie ein Seil, das man mit der Hand in verschiedenen Ebenen schwingen lassen kann (siehe Abb. 4.1). Fotografen nutzen das Phänomen, um Reflexionen an Scheiben aus den Bildern zu filtern. Das reflektierte Licht schwingt bevorzugt in der Vertikale. Der Fotograf kann dieses Licht daher mit einem Polarisationsfilter unterdrücken. Auf dem Bild sieht man dann z. B. die Schuhe hinter dem Schaufenster statt die Spiegelbilder der Passanten, die vor dem Schaufenster stehen.

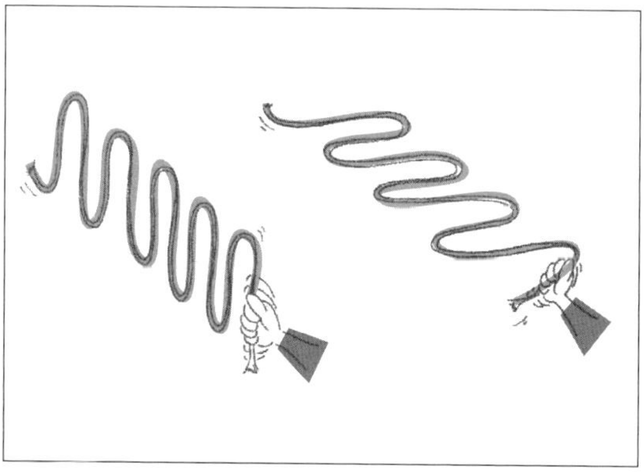

Abb. 4.1 Ein Seil, das vertikal (links) bzw. horizontal (rechts) schwingt. Ähnlich kann auch Licht unterschiedliche Schwingungsebenen besitzen. (Quelle: Matthias Homeister, »Quantencomputing verstehen«)

Alice könnte Bob nun eine zufällige Folge von horizontal und vertikal polarisierten Photonen senden, indem sie einen Polarisationsfilter hinter die Photonenquelle stellt und diesen in zufälliger Abfolge zwischen den beiden Richtungen hin- und herdreht.

Dabei bedeutet »horizontal« = »0« und »vertikal« = »1«.

Bob hat nun ebenfalls einen Polarisationsfilter, den er vor einem Photonendektektor aufstellt. Er stellt ihn, sagen wir, auf senkrecht. Sendet Alice ein senkrecht polarisiertes Photon, geht es durch und der Detektor klickt. Ein waagrecht polarisiertes Photon hingegen lässt der Filter nicht passieren. Anhand des Musters aus Klicken und Nicht-Klicken weiß Bob jetzt, welche Polarisation jedes Photon trug und kennt somit Alices Zufallsfolge. Also kennen beide Parteien den Schlüssel.

Ganz so einfach ist es aber nicht. Denn Eve (von englisch »eavesdropper«, zu deutsch: Lauscher) könnte in die Rolle von Bob schlüpfen und Alices Photonen abfangen. Sie würde dann die Polarisation jedes Photons kennen, könnte ein neues Photon der gleichen Polarisation erzeugen und an Bob weitersenden. Das Protokoll von Alice und Bob wäre also genauso töricht, wie einen Einmalschlüssel per Funk oder Telefonkabel zu versenden, was die Parteien im Kalten Krieg wohlweislich vermieden hatten.

Quantenphysik als Geheimnisgarant

Alice und Bob haben noch nicht den Umstand ausgenutzt, dass Photonen Träger von Quanteninformation sind. Solange Alice und Bob die gleichen Polarisationsrichtungen nutzen, tritt die für die Quantenphysik so charakteristische Unbestimmtheit nicht in Erscheinung. Wann Bobs Detektor klickt und wann nicht, ist durch die Polarisationsrichtung eindeutig festgelegt.

Was aber würde passieren, wenn Bob seinen Polarisationsfilter zwischendurch mal auf 45 oder 135 Grad stellt statt auf senkrecht oder waagrecht? Graphisch ausgedrückt: auf »×« statt auf »+«? × und + nennt man dann »Basen«, und der Code lautet: 45° = »0« und 135° = »1«.

Antwort: Für Bobs Polarisationsfilter ist das von Alice gesendete Photon in einem unbestimmten Zustand, weder in »0« noch in »1«. Es schwebt dazwischen. In Kapitel 3 haben wir das Superposition genannt. Beide Möglichkeiten »0« und »1« haben die gleiche Chance, von Bob gemessen zu werden. Auch Alice kann das Photon in der ×-Basis erzeugen. Somit wäre das Ergebnis von Bobs Messung unbestimmt, wenn er die +-Basis wählt.

Die beiden Wissenschaftler Charles Bennett und Gilles Brassard haben schon 1984 folgendes Protokoll entworfen, BB84 genannt, bei dem Eves Lauschangriff zwangsläufig bemerkt wird.

Alice und Bob drehen ihre Polarisationsfilter zufällig und unabhängig voneinander zwischen × und + hin und her. Bob hat nun eine zufällige Folge der Bits 0 und 1 erhalten. Jetzt ruft er Alice per Telefon an. Die beiden vergleichen die Reihenfolge der Basen, die sie genutzt haben. Sie werfen alle Bits weg, bei denen sie unterschiedliche Basen gewählt hatten, denn bei diesen stimmt Bobs Messergebnis nicht unbedingt mit Alices Wahl der Polarisationsrichtung überein. Die verbleibenden Bits könnten sie nun als gemeinsamen Schlüssel verwenden. Aber sie wissen ja noch nicht, ob Eve mitgehört hat oder nicht.

Angenommen, sie hat. Eve war vor dem Telefonat in die Rolle von Bob geschlüpft und hatte die Photonen abgefangen. Dann aber hat sie ein Problem: Sie weiß genauso wenig wie Bob, ob Alice × oder + gewählt hat. Ihr bleibt keine andere Möglichkeit, als ihre Basis ebenso zufällig zu wählen. Wenn sie nachher das Telefonat mithört, kennt sie einen Teil des Schlüssels, nämlich jene Bits, die sie zufällig in der gleichen Basis gemessen hat wie Alice und Bob. Sollten Alice und Bob ihren Schlüssel verwenden, könnte Eve später den Klartext immerhin als Lückentext erhalten, bei dem rund drei Viertel der Bits fehlen.

Aber das werden Alice und Bob nicht tun! Denn Eve muss auch beim Senden des Ersatzphotons raten, d. h., sie wird zufällig × oder + wählen. Somit liefert sie oft eine andere Basis an Bob als Alice. Bob wird also hin und wieder andere Bitwerte messen als Alice, auch wenn die Basen der beiden übereinstimmten.

Alice und Bob vergleichen nun *einen Teil* ihres Schlüssels, also die konkrete Bitfolge, z. B. 00101011000000010111. Treten darin mehr Abweichungen auf als durch technische Messfehler erklärbar, dann wissen sie: Eve war im Spiel! Der Grund dafür ist, dass bei einer Superposition das Messergebnis rein zufällig ist. Dadurch wird Eve die Kontrolle über das Geschehen entrissen. Sie kann ihre Spuren nicht verwischen, da es ihr zwangsläufig misslingt, Bob gegenüber in die Rolle von Alice zu schlüpfen.

Eve kann übrigens das von Alice kommende Photon nicht kopieren und die Messung an der Kopie machen, während das Originalphoton unbeeinflusst zu Bob weiterfliegt. Denn ein Teilchen in Superposition lässt sich nicht verdoppeln. Unbestimmtheit lässt sich nicht klonen. Dazu fehlt dem Kopierwilligen schlicht die Information. Er kann nur Information über den Polarisationszustand gewinnen, indem er eine Messung macht. Und die zerstört den fragilen Überlagerungszustand.

Es ist schon bemerkenswert: Der Einmalschlüssel kann nun einfach durch eine Glasfaser ausgetauscht und muss nicht bei einem konspirativen Treffen auf einer fernen Pazifikinsel übergeben werden!

Der skizzierte Quantenschlüsselaustausch ist eine Form der Quantenkryptographie, also der Nutzung der Quantenphysik im Rahmen der Informationssicherheit. Wir haben sie im ersten Kapitel schon kennengelernt, als es um die drohende Entschlüsselung der täglich milliardenfach im Internet genutzten RSA-Codes durch einen leistungsfähigen Quantencomputer ging. Nun haben wir mit dem Quantenschlüsselaustausch ein veritables Gegenmittel dazu kennengelernt. Denn auch ein Quantencomputer kann nichts an den Naturgesetzen ändern, die den QKD schützen.

Heutige Verschlüsselungsmethoden hingegen gleichen Schlössern, von denen man *annimmt*, dass sie niemand knacken kann. Sie basieren auf der Schwierigkeit eines mathematischen Problems. Niemand kann ausschließen, dass morgen ein genialer Mathematiker eine Methode entwickelt, die mit ein paar Rechenschritten die Primzahlen findet, aus denen sich eine Riesenzahl zusammensetzt. Dann wäre RSA mit einem Schlag obsolet. Die Naturgesetze hingegen lassen sich auch mit noch so viel Hirnschmalz nicht aushebeln.

Sicherheit ohne Verfallsdatum

Dazu kommt, dass die heutigen Verschlüsselungen ein Verfallsdatum haben. »Bisherige Verschlüsselungsverfahren haben nie länger als 20 Jahre Sicherheit geboten«, sagt der IT-Sicherheitsexperte Johannes Buchmann von der Technischen Universität Darmstadt. »In Zukunft werden aber immer weniger Informationen auf langfristige Sicherheit verzichten können«, ergänzt der Mathematiker, der sich schon seit Jahrzehnten mit Kryptographie beschäftigt. Während früher hauptsächlich kurzfristig relevante Informationen verschlüsselt wurden, z. B. wann sich ein Politiker bei einem Staatsbesuch gerade wo aufhielt, wandert heute immer mehr Information in die »Cloud«, die längerfristigen Schutz verlangt: Grundbücher, elektronische Steuererklärungen, neue Designs etc.

Weil sie auf Naturgesetzen beruht, die sich nach heutigem Wissen während der letzten ca. 13 Milliarden Jahre nicht verändert haben und dies in Zukunft auch nicht tun werden, bietet Quantenkryptographie im Prinzip einen Schutz *ohne* Verfallsdatum.

Warum also steht noch nicht auf jedem Schreibtisch ein QKD-Modul? Warum enthält der Glasfaseranschluss einer Siedlung oder der Zentrale eines Großkonzerns noch keinen Quantenkanal? Das hat zwei Gründe. Erstens haben die derzeit existierenden QKD-Produkte begrenzte Reichweiten und Übertragungsgeschwindigkeiten. Und zweitens: Die technischen Umsetzungen erreichen noch nicht die theoretisch gegebene absolute Abhörsicherheit. Der Teufel steckt da im Detail. Beide Mankos hängen mit noch unzureichender Kontrolle über die Quanteneigenschaften von Photonen zusammen.

Durch Glasfaserkabel liegt die Reichweite der QKD derzeit bei rund 200[22] Kilometer und im Labor bei rund 300 Kilometer[23]. Auch durch Luft können Alice und Bob ihren Schlüssel austauschen. Der Rekord dafür liegt seit 2006 bei 144 Kilometer.[24] Derart geringe Reichweiten behindern natürlich den Einsatz im weltumspannenden Internet. Der Aktionsradius durch die Luft legt immerhin den Einsatz von Satelliten zu diesem Zweck nahe. Denn die Luft wird mit zunehmender Höhe immer dünner und das Signal kommt nach oben deutlich weiter als in der Waagrechten. Es würde deshalb bis zu Satelliten in 400 Kilometer Höhe reichen. Allerdings wäre ein so niedrig kreisender Satellit von einem bestimmten Punkt auf der Erde die meiste Zeit nicht zu sehen.

China will dennoch schon 2016 den ersten Satelliten für Quantenkommunikation ins All schießen. Dass es möglich ist, *einzelne* Photonen von einem 400 Kilometer hoch kreisenden Satelliten zu empfangen, zeigte ein Team um den Quantenphysiker Jian-Wei Pan von der University of Science and Technology of China in Hefei.[25] Die kanadische Firma Com Dev will 2016

22 http://arxiv.org/pdf/0908.4063.pdf
23 Korzh, B. et al.: nature photonics, DOI: 10.1038/NPHOTON.2014.327
24 R. Ursin, et al.: Nature Physics 3, 481–486 (2007)
25 http://www.technologyreview.com/view/515871/china-reveals-first-space-based-quantum-communications-experiment/

einen spülmaschinengroßen Satelliten in den Orbit senden, um die Machbarkeit eines satellitengestützten QKD-Systems zu testen.[26]

Der Marconi der Quantenkryptographie muss erst noch kommen

Es tut sich also Einiges auf diesem Gebiet. Doch selbst wenn Entfernung überbrückt werden kann: Die Datengeschwindigkeiten sind verglichen mit den im Internet üblichen lächerlich. Zwar erreichte QKD auf kurzen Strecken (10 Kilometer Glasfaser) schon mehr als zehn Megabyte pro Sekunde,[27] mehr als eine gute ISDN-Verbindung schafft. Aber über längere Strecken gehen Photonen in der Glasfaser verloren. Bei Feldversuchen über 50 Kilometer Entfernung, z. B. in Tokio, wurden bislang nur rund 40 Kilobyte pro Sekunde erreicht.[28] Verglichen mit einem Gigabyte pro Sekunde bei einer Glasfaser-Internetverbindung ist das ca. 25.000 Mal langsamer. Auch die Kommunikation mit Satelliten ist wegen Luftturbulenzen in der Atmosphäre schwierig. Photonen müssen mehrfach gesendet werden, da viele von ihnen verlorengehen. Jian-Wei Pan erreichte bei seinem Experiment eine Datenrate von gerade einmal 600 Bit pro Sekunde.

Die Quantenkryptographie hat also einen Status, der vergleichbar ist mit dem Radio *vor* Guglielmo Marconi, der als Erster über den Atlantik funkte (Kapitel 2): Man konnte nicht weit funken und binnen einer Sekunde nur wenig Information übertragen. Um das zu ändern, braucht man mehr Kontrolle über die Photonen.

Auch beim heutigen Internet würden Signale durch eine Glasfaserleitung nicht weit kommen, gäbe es nicht alle rund 50 Kilometer Verstärker, die das abgeschwächte Lichtsignal wieder aufpeppen. Bei QKD tragen die Photonen aber Quanteninformation, die ein solcher Verstärker zerstören würde. Denn er *misst* das Signal, bevor er es verstärkt.

Um die Quanteninformation alle paar Kilometer aufzubereiten und weiterzusenden, bräuchte man eine Kette von so genannten Quantenrepeatern. Man kann sich die Quantenrepeater als Beamer-Stationen für die Photonen vorstellen. In Kapitel 3 haben wir gesehen, dass die Quantenteleportation

---

26 http://spectrum.ieee.org/aerospace/satellites/commercial-quantum-cryptography-satellites-coming

27 Tang, X. et al.: Proc. of SPIE Vol. 6244 62440P-1 (2012)

28 Private Kommunikation mit Masahide Sasaki vom Quantum ICT Laboratory, Tokio, Dezember 2014

einen Quantenzustand von A nach B transferiert, ohne ihn zu kennen. Dafür braucht man ein Paar verschränkter Teilchen an A und B. Zwischen je zwei Repeatern gibt es so ein verschränktes Teilchenpaar. Sie reichen sozusagen die Verschränkung weiter, sodass letztendlich eine Teleportation der Nachrichten-Photonen von Alice zu Bob möglich wird (siehe Abb. 4.2). Gebeamte Sicherheit sozusagen.

Im Labor gibt es längst Quantenrepeater. »Doch sie sind noch nicht perfekt«, sagt der Quantenphysiker Thomas Walther von der Technischen Universität Darmstadt. Er meint damit, dass auf dem Weg ein Teil der Quanteninformation verlorengehen würde. Der Grund dafür ist Dekohärenz (siehe Kap. 3). Um diese zu unterdrücken, benötigen Laborprototypen Vakuum und sehr kalte Temperaturen. Forscher fangen gerade erst an, Quanteninformation auch unter Normalbedingungen, also bei normalem Luftdruck und Raumtemperatur, zu kontrollieren. Vom Praxiseinsatz sind Quantenrepeater daher noch weit entfernt.

Mit diesem Wissen verwundert es, dass China schon 2016 eine 2000 Kilometer lange Verbindung zwischen Shanghai und China aufbauen will. Der Trick: Die Verbindung wird gestückelt. An den rund 20 Nahtstellen werden so genannte »Trusted Nodes« aufgestellt. Das sind vertrauenswürdige Relaisstationen, an denen die Nachricht jeweils automatisch entschlüsselt und neu verschlüsselt wird.

Der Aufbau einer solchen Infrastruktur ist aufwendig. In der Tat soll das Netz ca. 13 Millionen Euro pro 10.000 Nutzer kosten.[29] Ein Experte moniert, dass die »Trusted Nodes« für ein internationales Netz untauglich wären, denn nach Snowden sei viel Vertrauen in Länder wie die USA oder Großbritannien verlorengegangen. Wirkliche vertrauenswürdige Knotenpunkte gebe es daher nicht. Nur der Quantenrepeater garantiere Sicherheit auf Basis der Naturgesetze. Masahide Sasaki sieht das anders: Der Quantenrepeater sei sehr weit weg. »Daher müssen wir unser Denken ändern und neue Schemata ausprobieren«, meint Sasaki.

29 http://www.scmp.com/news/china/article/1631479/china-launch-hack-proof-quantum-communication-network-2016?page=all

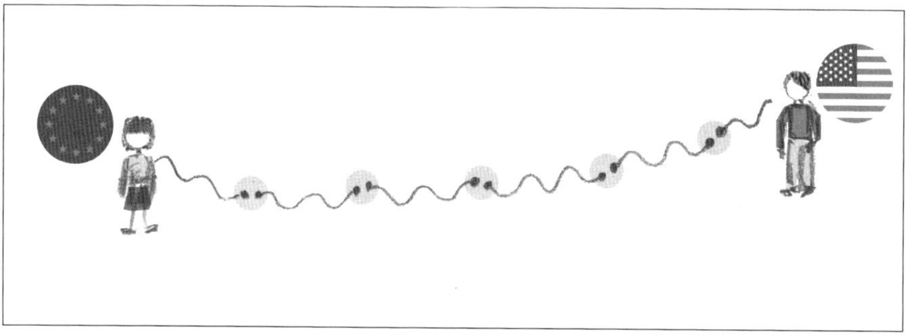

Abb. 4.2 Quantenkommunikation über den großen Teich. Die Kreise repräsentieren so genannte Quantenrepeater, die gewellten Linien symbolisieren je eine Verschränkung zwischen Teilchen in zwei Repeatern. Die Kette der verschränkten Teilchenpaare erlaubt eine Teleportation des Informationsträgers von Paris nach New York.

An mangelhafter Kontrolle über die Quanten liegt es auch, dass es einen Typ von Forschern gibt, dem laut Theorie die Existenzgrundlage fehlt: Quantenhacker. Professor Vadim Marakov von der University of Waterloo in Kanada pflegt sein Hacker-Image schon nach außen: lange Haare, Vollbart und mit Bildern von Punkern bedruckte T-Shirts. Schlagzeilen machte der heute 40-Jährige 2010, als er den sicher geglaubten Quantenschlüsselaustausch erfolgreich angriff. Nein, das ist nicht ganz richtig formuliert: Er knackte ein bestimmtes kommerzielles System, nämlich das der Firma IDQuantique, indem er eine Lücke in deren technischer Umsetzung der QKD nutzte (siehe Kasten).

Solche »Seitenkanäle«, wie Fachleute sagen, können jedes auf dem Papier todsichere Verfahren aushebeln. So haben im Kalten Krieg sowjetische Sekretärinnen die Einmalschlüssel per Schreibmaschine getippt. Es kam vor, dass eine Sekretärin dabei die Zahlen abwechselnd mit der linken und der rechten Hand eintippte.[30] Dadurch entstanden Zahlenfolgen, bei denen sich Ziffern von der linken Seite der Tastatur (1, 2, 3, 4, 5) mit denen der rechten Seite abwechselten (6, 7, 8, 9, 0): ein Muster, das ein cleverer Angreifer für sich nutzen kann.

30 Rudolf Kippenhahn, Verschlüsselte Botschaften, Rowohlt, 2012

Wie Vadim Marakov den todsicher geglaubten Quantencode hackte

Als Quantenhacker muss man sich sehr gut mit Elektronik auskennen. Marakovs Team (damals an der Technisch-Naturwissenschaftlichen Universität Norwegens in Trondheim) nutzte eine Schwäche von Bobs Photonendetektor.

Es spielte Eve, indem es gegenüber Alice in die Rolle von Bob schlüpfte und gegenüber Bob in die Rolle von Alice. Eve misst mit zufälliger Wahl der Basis die von Alice gesendeten Photonen. Das Ergebnis sendet sie, ebenfalls mit zufälliger Wahl der Basis, an Bob weiter. Dabei dreht sie den Laser aber etwas mehr auf als üblich. Dadurch wird Bobs Photonendetektor »geblendet«. Er verarbeitet die Quanteninformation nicht mehr. Wenn die Basen von Eve und Bob nicht übereinstimmen, würde er im Normalbetrieb zufällig 0 oder 1 melden. Durch die Blendattacke meldet er nichts mehr. So sorgt Eve dafür, dass Bob nur ein Bit registrieren kann, wenn seine Basis mit der von Eve übereinstimmt.

Also hat Eve nun dieselbe Information wie Bob und kann durch Belauschen des Telefonats zwischen ihm und Alice die gültigen Bits extrahieren. Eve kann nicht entdeckt werden, weil sie alle Bits herausfiltert, bei denen sie eine andere Basis gewählt hat als Alice und Bob. In solchen Fällen könnten die beiden Eves Anwesenheit bemerken, da ihre Messergebnisse voneinander abweichen. Solche Fehler gibt es aber mit Marakovs Technik nicht mehr.

Marakov ist nicht der einzige Quantenhacker, es hat schon mehrere erfolgreiche Angriffe auf kommerzielle QKD-Systeme gegeben. Zwar stopften die Hersteller daraufhin die bekannt gewordenen Seitenkanäle mit so genannten Sicherheitpatches. Dennoch ist eine gewisse Ernüchterung eingetreten. Die Hacks raubten der Quantenkryptographie den Nimbus der Unknackbarkeit. Sie zeigten, wie sehr die Quantenkryptographie noch in den Kinderschuhen steckt.

Hacker seien ein wichtiger Baustein in der Entwicklung einer Sicherheitstechnik, betont Marakov. »Auch RSA ist am Anfang seiner 30-jährigen Geschichte oft gehackt worden«, sagt er. Die Abwehr solcher Angriffe hat die Technologie nach und nach immer sicherer gemacht, ähnlich wie ausgiebiges Training die Abwehr einer Fußballmannschaft immer standfester werden lässt. Heute ist RSA etabliert, schützt weltweit digitale Signaturen und verschlüsselt Daten.

«In Forschungslabors entsteht derzeit eine zweite Generation von QKD-Systemen, die resistenter gegen Angriffe sein werden«, zeigt sich Marakov überzeugt. So sollte Alice idealerweise nur einzelne Photonen an Bob senden. Aber es gibt bislang keine Lichtquellen, die wirken wie eine Drehtür und Photonen nur einzeln ins Freie entlassen. Die Photonen kommen stattdessen in kleinen Grüppchen heraus. Das gibt Eve die Möglichkeit, von Alices Signal unbemerkt einige Photonen abzuzweigen und so an die Information zu kommen. Daher entwickeln Physiker derzeit Quellen, die einzelne Photonen aussenden. Vom Praxiseinsatz sind diese aber noch Jahre entfernt.

Der perfekte Würfel

Ein weltumspannendes, garantiert abhörsicheres Quanteninternet wird also noch auf sich warten lassen. Ohne Einschränkungen einsatzfähig hingegen ist eine andere Quantentechnik. Online-Casinos zählen zu ihren wichtigsten Anwendern. Wovon Spieler träumen und was bislang nur in Mystery-Geschichten vorkam, mussten einige Online-Spielbanken schon bitter erfahren: dass ein Spieler im Voraus wusste, wie die Würfel fallen würden, und entsprechend absahnte.

Wie kann das sein? Erinnern wir uns an Einsteins Statement »Gott würfelt nicht«. Gründlicher konnte sich das Genie kaum irren. Es gibt sozusagen *keinen besseren* Würfler als Gott. In der Welt der kleinsten Teilchen waltet der *objektive* Zufall (siehe Kapitel 3). Ein Elektron z. B. materialisiert sich an einem nicht vorhersehbaren Ort, wenn man misst, wo es sich befindet.

Ein Spielwürfel hingegen produziert im Grunde gar keinen echten Zufall. Er gehorcht den Gesetzen der klassischen Physik und die funktioniert wie ein Uhrwerk. Würde man den Zustand eines Systems bis ins kleinste Detail kennen, ließe sich daraus seine gesamte Vergangenheit und Zukunft berechnen. Für den Würfel bedeutet das: Würde jemand genau wissen, mit welcher Geschwindigkeit er geworfen wird, welchen Drall er dabei erhält, wie glatt die Unterlage ist, wie stark sie geneigt ist, aus welcher Richtung der Wind weht etc. pp., kurz: alle Faktoren kennen, die den Würfel beeinflussen, dann könnte dieser Jemand vorausberechnen, welche Augenzahl der Würfel zeigen wird. Diese ebenso allwissende wie hypothetische Person, oft auch Laplace'scher Dämon genannt, könnte auch die Lottozahlen vorherberechnen, denn sie würde exakt *alle* Eigenschaften der 49 Kugeln und des Ziehungsgeräts kennen.

In der Praxis ist das freilich unmöglich. Der Würfelwurf und die Lottoziehung verlaufen chaotisch. Für sie gilt der oft zitierte Schmetterlingseffekt. Ändern sich die Startbedingungen nur geringfügig, weht zum Beispiel der Wind mit 5,1 Stundenkilometern statt mit 5, dann ändert sich das Ergebnis. Also entsteht eine Unvorhersagbarkeit, die die Lottoziehung oder den Würfelwurf unmanipulierbar macht.

In einem Online-Casino hingegen gibt es keine Menschen, die Würfel werfen, oder Maschinen, die Kugeln ziehen. Stattdessen kommt eine Art Software-Würfel zum Einsatz: der Zufallsgenerator im Computer. Er erzeugt so genannte Pseudozufallszahlen. Eine Zahlenfolge aus dem Computer lässt sich zwar mit statistischen Methoden nicht von einer echten Zufallsfolge unterscheiden. Aber es gibt Fallstricke. Nachlässiger Umgang mit dem Zufallsgenerator kann die »Zufallszahl« vorhersagbar machen. Denn auch ein Computer arbeitet wie ein Uhrwerk. Eine bestimmte Eingabe erzeugt immer die gleiche Ausgabe. Das gilt auch für den Zufallsgenerator. Es ist ähnlich wie bei einem Abzählreim. Wenn er mehrmals beim selben Kind beginnen würde, würde er auch immer beim selben Kind enden.

Es muss also von außen ein Zufallselement hinzukommen. Beim Abzählreim wählt man willkürlich jemanden, bei dem er beginnt. Dem Zufallsgenerator im Computer kann man beispielsweise die Uhrzeit als Zufallselement übergeben.

Doch so leicht erratbare Elemente sind riskant. Der Browser-Hersteller Netscape hatte Mitte der 1990er Jahre eine Sicherheitstechnik für E-Commerce entwickelt. Die Technik erzeugte die Schlüssel aus Pseudozufallszahlen. Zwei Studenten probierten herum und fanden heraus, dass das Zufallselement von der Uhrzeit und von der Kennung des jeweiligen Vorgangs abhing, zwei leicht zu erratende Zahlen also. Mit diesen Infos knackten sie Schlüssel binnen weniger Minuten. Auf ähnliche Weise gelang es Betrügern schon, Online-Casinos zu überlisten.

Vor solchen Attacken sollen Quantenzufallsgeneratoren schützen. Mehrere Firmen, z. B. IDQuantique oder Quintessence (Australien), bieten sie an. Diese unbestechliche Art von Zufallsgenerator basiert auf einem halbtransparenten Spiegel (siehe Abb. 4.3). Wenn ein Photon auf einen solchen trifft, geht es mit 50-prozentiger Wahrscheinlichkeit hindurch und mit der gleichen Wahrscheinlichkeit wird es reflektiert. Es handelt sich also um die Quantenversion eines Münzwurfs. Vor der Entscheidung gibt es keine Information, die diese vorhersagen könnte. Reiner Zufall also. Reflektierte Photonen werden von einem Detektor registriert, durchgehende von einem anderen. Das

Klicken des einen Detektors bedeutet »0«, das des anderen »1«. Sendet man einen Strom von Photonen auf den halbtransparenten Spiegel, so spucken die Detektoren eine zufällige Folge von 0en und 1en aus.[31]

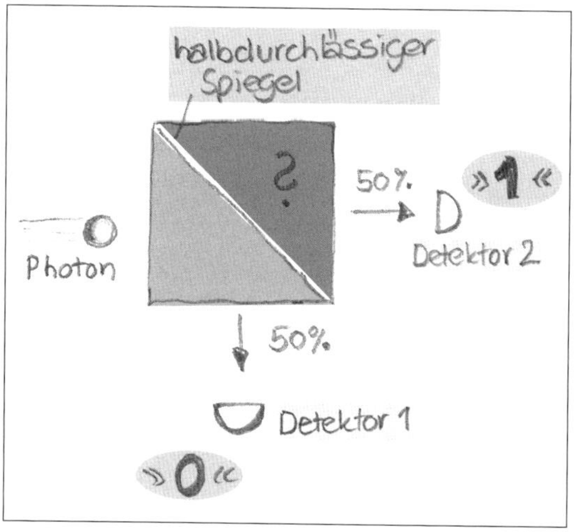

Abb. 4.3 Schema eines Quantenzufallsgenerators. Von links kommt ein Photon. Ob es den halbtransparenten Spiegel einfach durchquert und vom Detektor 2 registriert wird oder ob es reflektiert und zum Detektor 1 gelenkt wird, entscheidet der Zufall. Im ersten Fall ergibt sich eine digitale »1« und im zweiten Fall eine »0«.

Quantenzufallsgeneratoren sind nicht nur für Online-Casinos interessant. Sie finden auch Einsatz in QKD-Systemen, um die Richtung der Polarisation zufällig zu wählen. Da schlechte Pseudozufallszahlen Sicherheitslücken verursachen, sind echte Zufallszahlen in der Sicherheitstechnik ganz allgemein von Interesse. Bei digitalen Signaturen werden Zufallszahlen gebraucht und generell bei der Verschlüsselung von Daten. Auch Wissenschaftler brauchen Zufallszahlen, z. B. wenn sie mit dem Computer chaotische Prozesse in der Natur simulieren, zu denen etwa das Wetter gehört.

So feinfühlig, wie es die Natur erlaubt

Die winzigsten Bausteine der Natur sind als Informationsträger so sensibel, dass sie jeden Lauschangreifer entlarven – im Prinzip wenigstens. Es verwundert daher nicht, dass ihr unnachahmliches Feingefühl auch für extrem empfindliche Messgeräte taugt. Vieles davon ist noch Zukunftsmusik, etwa

31 In der Praxis verwendet man eine etwas kompliziertere Anordnung, da kein halbtransparenter Spiegel perfekt 50:50 reflektiert oder durchlässt. Stattdessen verwendet man Polarisationsstrahlteilerwürfel, in die Photonen mit um 45 Grad verdrehter Polarisation gesendet werden. Falls der Würfel nicht perfekt ist, kann dies durch eine kleine Variation der Eingangspolarisation angepasst werden.

Waagen, die einzelne Atome wiegen können. Um das mit der Genauigkeit einer Küchenwaage zu vergleichen: Diese wiegt etwa auf ein Gramm genau. Doch ein Gramm Salz besteht aus ca. 20.000 Milliarden Milliarden Atomen.

Ein superfeines Messgerät für extrem schwache Magnetfelder – genau gesagt: fünf Milliarden Mal schwächer als das ohnehin schon schwache Magnetfeld der Erde –, das auf einem Quanteneffekt beruht, gibt es schon seit Jahrzehnten. Es nennt sich SQUID. Das ist die Abkürzung für »Superconducting Quantum Interference Device«, zu Deutsch: Supraleitende Quanteninterferenzeinheit. Seit seiner Entwicklung in den 1960er Jahren wird es in immer mehr Bereichen genutzt: routinemäßig in der Medizin, aber auch in der Archäologie, bei der Erkundung von Bodenschätzen und zum Aufspüren von Bomben. Mit SQUID-Produkten hat die Privatwirtschaft bislang mehr als 500 Millionen US-Dollar eingenommen.

Wie kann dieser SQUID dermaßen sensibel auf Magnetfelder reagieren? Supraleiter gehören zu einer höchst erstaunlichen Kategorie von Materialien: Sie zeigen, dass ein Quantenobjekt nicht unsichtbar klein sein muss. In ihrem Innern verbinden sich Elektronen zu Paaren, so genannten Cooper-Paaren. All die unzähligen Cooper-Paare in einem Supraleiter wiederum nehmen den gleichen quantenphysikalischen Zustand an. Das bedeutet, dass sie eine einzige Wellenfunktion (siehe Kapitel 3) bilden. Bei einem supraleitenden Stromkabel kann diese Wellenfunktion mehrere Hundert Meter oder gar Kilometer lang werden.

Beim SQUID nutzt man die kollektive Wellennatur der Cooper-Paare auf trickreiche Weise zum Messen feinster Magnetfelder. Das Gerät besteht aus einem supraleitenden Ring. Zum Vergleich stelle man sich ein ringförmiges Wasserbecken und eine Wasserwelle darin vor. Wenn diese den Ring umrundet hat, trifft sie auf ihr eigenes Ende. Damit sich nun eine durchgehende Welle ausbilden kann, muss die Welle konstruktiv mit sich selbst interferieren. Ansonsten würde sie sich selbst auslöschen. Sie überlebt nur, wenn eine ganze Zahl an Wellenlängen in das Ringbecken hineinpasst. Ändern kann sich die Wellenlänge deshalb nur stufenweise.

Ähnlich ist es mit der Wellenfunktion der Cooper-Paare im supraleitenden Ring. Wenn nun ein Magnetfeld den Ring durchdringt, erhöht sich die Energie der Materiewelle. Dies würde sich normalerweise in einer kürzeren Wellenlänge widerspiegeln. Doch die Wellenlänge kann sich ja nur stufenweise ändern. Solange dafür die Energie nicht reicht, entstehen im Ring Ströme, die das Magnetfeld ausgleichen. Um diese Ausgleichsströme in Form einer Spannung messen zu können, fügt man zwei äußerst dünne Isolatorschichten so in den Ring ein, dass er in zwei Hälften geteilt wird. Die Cooper-Paare können durch sie hindurchtunneln, einige brechen dabei aber auseinander. Die Elektronen sind dann normalleitend, d. h., sie erfahren einen elektrischen Widerstand, der eine messbare Spannung verursacht. Dieses Signal gibt Aufschluss über das Magnetfeld.

Scharfer Blick in die Vergangenheit

Die Interferenz von Materiewellen kann noch für andere höchst empfindliche Sensoren genutzt werden. Eine Welle lässt sich als Meterstab auffassen, dessen Striche nicht jeweils einen Millimeter auseinanderliegen, sondern nur eine Wellenlänge weit. Bei Lichtwellen sind das ca. 400 bis 600 Nanometer. Viel genauer als diese Länge kann daher ein Lichtmikroskop nicht messen. Rote Blutkörperchen löst es zwar noch auf, Proteine oder das Erbgutmolekül DNA aber nicht. Die Materiewellen von Atomen hingegen haben eine 1000 Mal geringere Länge. Das heißt, sie stellen einen noch sehr viel feineren Meterstab dar.

Nanodiamanten patrouillieren im Körper

Die nächste Generation hyperfeiner Magnetfeldsensoren ist möglicherweise schon unterwegs.

Qubits in Diamanten haben Atomgröße und reagieren äußerst sensitiv auf elektrische und magnetische Felder. Daher taugen sie als Magnetfeldsensor mit einer bislang unerreichten Auflösung im Nanometer-Bereich. Jörg Wrachtrups Team (Uni Stuttgart) erforscht Anwendungsbereiche dieses neuen Sensors, die von der Detektion einzelner Spins bis zu bildgebenden Verfahren mit mikroskopischer Auflösung reichen. Denkbar sind auch Nanopartikel aus Diamant, die in den Körper von Patienten injiziert werden können, um mit bislang ungekannter Präzision Daten für diagnostische Zwecke zu sammeln, indem sie etwa die Aktivität einzelner Nervenzellen im Gehirn messen. Sie würden so eine Art Landkarte des Denkorgans vermessen, die wiederum zur Erforschung von Krankheiten wie Alzheimer oder Parkinson nützlich wäre. Auch als hoch sensitive Drucksensoren lassen sich die Qubits im Diamant nutzen. Weil Diamanten sehr temperaturbeständig sind, könnten die Sensoren auch im Abgasstrom oder bei der Automobilentwicklung im Zylinder eingesetzt werden. Die Firma Bosch entwickelt eine kompakte Version eines Prototyps aus Wrachtrups Labor.

Atominterferometer können zum Beispiel Rotationen sehr präzise messen, denn diese verursachen einen Wegunterschied für zwei entgegengesetzt kreisende Materiewellen. Solche hoch präzisen Rotationsmessgeräte wirken wie ein extrem genauer Kompass, da sie jede Richtungsänderung bemerken. Ein Navigationssystem mit einem so präzisen inneren Kompass würde ohne Satelliten auskommen und daher z. B. auch in Straßenschluchten oder in Gebäuden funktionieren.

Zurück zum SQUID und *dessen* Anwendungen. Seine Materiewelle reagiert äußerst empfindlich auf ein äußeres Magnetfeld, daher lassen sich winzigste Magnetfelder messen – sogar die mickrigen Magnetfelder, die von Hirnströmen hervorgerufen werden und jede Kompassnadel absolut kalt lassen. Die so genannte Magnetoenzephalographie (kurz MEG, siehe Abb. 4.4.) findet in der Hirnforschung Einsatz, z. B., wenn die Funktion von Hirnarealen kartiert wird. Das 1968 entwickelte Verfahren ist Standard bei der Untersuchung von Epilepsie oder zur Planung von Hirntumor-Operationen. Künftig soll es bei der Diagnostik von Krankheiten wie Multiple Sklerose, Schizophrenie oder Alzheimer helfen. Schon in frühen Stadien von Alzheimer zeigen sich per MEG messbare Änderungen bei bestimmten Hirnwellen, wie Forscher der Freien Universität Amsterdam feststellten.[32] SQUIDs erlauben auch die Aufnahme der Herztätigkeit, genannt Magnetokardiographie (MKG), wobei keine Elektroden am Körper nötig sind. MEG und MKG werden weltweit in mehr als 100 Krankenhäusern genutzt.

32 Montez, T.: PNAS, vol. 106 no. 5, 1614–1619 (2008)

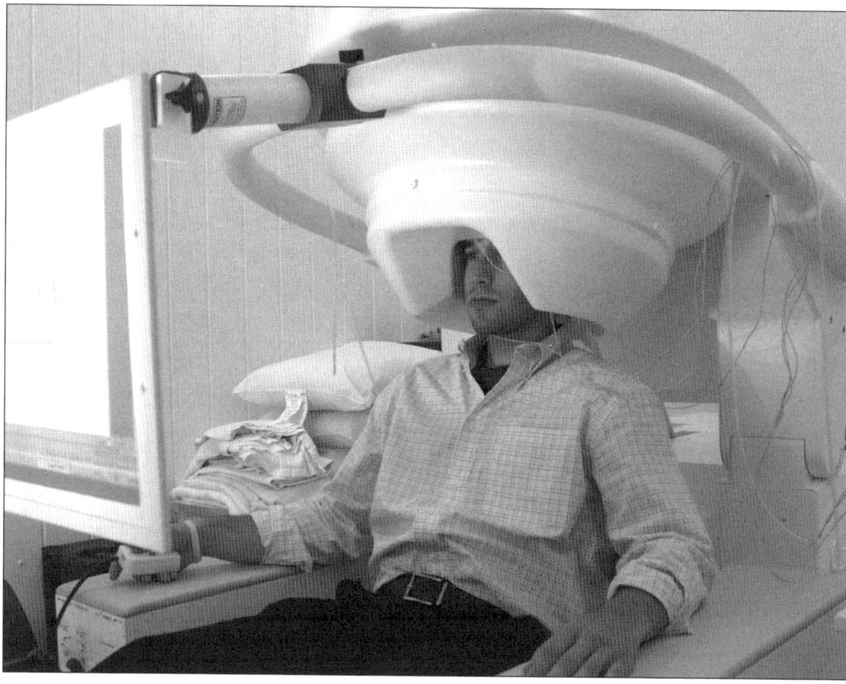

Abb. 4.4 MEG-Scanner bei der Arbeit. (Quelle: NIMH image library)

Der Blick unter die Erde wird mit SQUIDs ebenfalls geschärft. Archäologen profitieren davon. Denn unsere Vorfahren hinterließen magnetische Spuren. Keramiken und Ziegel verursachen schwache Störungen im Erdmagnetfeld. Sogar längst verrottetes Holz hinterlässt magnetische Fußabdrücke. Bakterien, die es einst zersetzen, orientierten sich am Magnetfeld der Erde. Dazu trugen sie, sozusagen als Kompass, winzige Magnetpartikel in sich, die sich bis heute an den Stellen des längst verrotteten Holzes finden. Im peruanischen Nasca, das für seine über 1000 Jahre alten Scharrbilder im Wüstenboden bekannt ist, zeigten SQUID-Aufnahmen unterirdische Siedlungsspuren an.

Getestet wird derzeit die Suche nach Blindgängern per SQUID. Mit der empfindlichen Technik lassen sich exakt der Ort und die Form ungewollter Überbleibsel aus dem zweiten Weltkrieg oder jüngeren Konflikten auch bei schwierigen Untergrundbedingungen bestimmen, ohne dass man besonders nah an das Objekt heranmuss.[33]

33 Brian Clegg, The Quantum Age, ICON Books (2014)

Sehr feine Änderungen des Erdmagnetfelds entstehen auch durch Wasser-, Öl-, Erz- oder Mineralvorkommen, weshalb SQUIDs auch für die Erkundung derselben eingesetzt werden. Das geschieht z. B. vom Helikopter aus, an dem eine Sonde mit dem SQUID-Magnetometer hängt, oder indem ein Geländewagen einen Anhänger mit den Messgeräten hinter sich her zieht. Weil SQUIDs empfindlicher sind als andere Verfahren, können tiefer liegende Lagerstätten erkundet werden.

Materialprüfung ist ein weiteres Einsatzgebiet von SQUIDs. Sie erkennen etwa Schäden an den Stahlsträngen in Stahlbeton.

Quantentechnologie am Schlüsselanhänger

Sehr viel weiter verbreitet ist eine andere Quantentechnologie. In der Fußgängerzone, im Zug oder Bus begegnet man ihr alle naselang. Viele tragen sie in Geldbörsen oder an Schlüsselanhängern herum. Die Rede ist von so genannten Flash-Speichern, auf denen MP3-Player, Tablets, E-Book-Reader, Digitalkameras oder USB-Sticks ihre Daten ablegen. Ihr großer Vorteil: Bei wenig Platz- und Energieverbrauch bieten sie einen nichtflüchtigen Speicher, sie sind sozusagen die Festplatten mobiler Geräte.

Für die Funktion von Flash-Speichern ist der Tunneleffekt (siehe Kapitel 3) entscheidend. Der Speicher ist nichtflüchtig, weil Daten in Form von Elektronen auf Halbleiterinselchen abgelegt werden, auf denen sie bis zur Löschung liegen bleiben. Die Inselchen sind in elektrisch isolierendes Siliziumdioxid eingebettet. Elektronen können dorthin genauso wenig gelangen, wie man ohne Boot auf eine Meeresinsel kommt. Es sei denn durch den Tunneleffekt. Dieser erlaubt es Ladungsträgern, dünne elektrisch isolierende Schichten zu durchdringen. Beim Flash-Speicher brauchen sie dafür aber sozusagen noch einen Schubs. Diesen gibt eine Steuerelektrode in der Nähe der Inselchen: Durch eine positive elektrische Spannung erleichtert sie es Elektronen, auf das Inselchen zu tunneln, und durch eine negative, wieder von diesem wegzutunneln. Ohne die Spannung bleibt die Insel leer oder die darauf sitzenden Elektronen bleiben dort. Auf diese Weise lässt sich ein Bit Information codieren: Leer bedeutet »0« und besetzt »1« oder umgekehrt (das wird unterschiedlich gehandhabt). Die stetig wachsende Speicherkapazität von Flash-Speichern beruht u. a. darauf, dass pro Inselchen mehrere Bits codiert werden können. Das geht, indem man die Menge der Ladungsträger auf jedem Inselchen in mehr als zwei Stufen unterteilt.

Der Markt für Flash-Speicher ist riesig: Allein das Marktvolumen so genannter NAND-Flash-Speicher (eine von zwei Arten von Flash-Speichern) betrug 2012 rund 30 Milliarden US-Dollar, wobei ein Viertel der verkauften Speicher in Smartphones steckten.[34] Die Speichertechnik erschließt sich zudem neue Märkte. Da die Technologie inzwischen kostenmäßig mit herkömmlicher Festplattentechnologie konkurrieren kann, setzen immer mehr Unternehmen auf professionelle Flash-Speicher als Festplattenersatz.[35]

Ein Quantencomputer, aber kein richtiger

USB-Sticks gibt es für ein paar Euro zu kaufen. Eine andere Quantentechnik hingegen kostet 15 Millionen Dollar pro Stück: der Rechner der kanadischen Firma D-Wave-Systems. Google, die NASA und der US-Rüstungs- und Technologiekonzern Lockheed Martin haben sich ihn geleistet. Was sie damit machen wollen, haben wir in Kapitel 1 erfahren. Hier nun ein paar Worte dazu, wie dieser Rechner funktioniert, warum viele Quantencomputerexperten ihn nicht als Quantencomputer betrachten und warum er dennoch eine Quantentechnik ist.

Laut ihrer Selbstbeweihräucherung ist D-Wave-Systems »die erste kommerzielle Quantencomputer-Firma der Welt«. Der tiefgekühlte Computerchip (siehe Abb. 4.5) enthält tatsächlich Qubits, in der aktuellen Version des Rechners 512 davon. Jedes Qubit besteht aus einer supraleitenden Leiterschleife, ähnlich wie ein SQUID. Wir haben schon erfahren, dass die Elektronen in einem Supraleiter kollektiv eine Wellenfunktion teilen, also ein Quantenobjekt bilden. Dieses kann eine Superposition einnehmen, d. h., der Strom in der supraleitenden Schleife kann gleichzeitig rechtsherum *und* linksherum fließen, als handle es sich *gleichzeitig* um einen Kreisverkehr in London *und* in Paris. Wenn eine Stromrichtung dem Bit »0« und die andere dem Bit »1« entspricht, dann kann das Qubit also eine Überlagerung aus beiden Zuständen tragen.

Klassisch betrachtet können 512 Bits immer nur eine von einer Unzahl an Kombinationsmöglichkeiten der 0en und 1en einnehmen.

Also z. B. 0100011101111100001100000 ..., aber vielleicht auch 1111000011101010011010111 ... Insgesamt gibt es mehr solcher Kombinationen als Teilchen im Universum!

512 Qubits hingegen können *alle* diese Kombinationen simultan annehmen. Insofern ist die Bezeichnung Quantencomputer für den D-Wave-Rechner nicht übertrieben. Er hat das Potenzial der parallelen Prüfung einer Unzahl von Lösungsmöglichkeiten.

34 http://www.tgdaily.com/hardware-brief/71015-nand-memory-market-rockets
35 http://www.heise.de/ix/meldung/Marktforscher-Flash-Speicher-kommen-in-Unternehmen-an-2292317.html

Abb. 4.5 Prozessor mit 512 Qubits der kanadischen Firma D-Wave-Systems. (Quelle: D-Wave-Systems)

Ein »richtiger« Quantencomputer mit dieser Anzahl an Qubits wäre schon eine gewisse Bedrohung für die Sicherheit von RSA-verschlüsselten Daten oder digitalen Signaturen. Doch Sie können weiter ruhig schlafen: Der D-Wave-Rechner kann RSA nicht knacken. Denn dazu müsste er in der Lage sein, den Shor-Algorithmus auszuführen, eine vom US-Mathematiker Peter Shor 1994 publizierte Rechenvorschrift für Quantencomputer, die große Zahlen in wenigen Rechenschritten in ihre Primfaktoren zerlegt. Darauf, dass klassische Rechner das bei Weitem nicht so schnell können, beruht die Sicherheit von RSA. Um einen Algorithmus abzuarbeiten, muss ein Quantencomputer bestimmte logische Operationen ausführen, ähnlich wie ein klassischer Computer, der logische Schaltkreise enthält, die die von der Software erteilten Befehle nacheinander ausführen.

Der D-Wave-Rechner hingegen rechnet nicht mit logischen Schaltkreisen, sondern mit einem Prozess, der dem Ausglühen von Metallen ähnelt. Dabei kühlt man glühend heiße Metalle langsam ab, zum Teil über Tage hinweg, damit unerwünschte Defekte im Kristallgitter nach und nach verschwinden. Durch das langsame Abkühlen erhalten die Atome im Kristall die Chance, verschiedene Anordnungen auszuprobieren, bis sie die fehlerfreie Struktur finden. Es handelt sich also um ein Verfahren zum Finden der optimalen Kristallstruktur.

Um die Ähnlichkeit nachzuvollziehen, muss man ein bisschen ausholen. Auch der D-Wave-Rechner sucht nach möglichst optimalen Lösungen. Viele Optimierungsprobleme lassen sich als Suche nach einem bestimmten Muster aus »0« und »1« darstellen.

Schneller Reisen mit Quanten

Ein Beispiel dafür ist das Problem des Handlungsreisenden aus Kapitel 1. Es dient hier nur als Veranschaulichung der Rechenmethode, der sich der Rechner von D-Wave bedient. Dass der Teufel im Detail steckt, werden wir noch sehen.

Angenommen, der Vertreter einer Softwarefirma plant eine Verkaufstour durch 15 europäische Städte. Jede Stadt soll dabei nur einmal besucht werden und die Reise soll am Ausgangspunkt enden. Der Vertreter hat zwischen läppischen 87 Milliarden Möglichkeiten zu wählen. Käme noch eine Stadt dazu, wären es schon über eine Billion möglicher Reiserouten. Unmöglich zu sagen, welche davon die kürzeste ist.

Ein Quantencomputer nach D-Wave-Art kann ihm potenziell bei der Suche der richtigen Lösung helfen. Die Tour lässt sich als Muster aus »0« und »1« darstellen, wie das folgende Schema für die Reiseroute München – Paris – Rom – Barcelona – München exemplarisch zeigt. Eine »1« steht in der Tabelle, wenn die Stadt in der Zeile direkt nach der Stadt in der Spalte besucht wird. Wenn zwei Städte nicht direkt hintereinander besucht werden, steht eine »0«.

	München	**Paris**	**Rom**	**Barcelona**
München	0	0	0	**1**
Paris	**1**	0	0	0
Rom	0	**1**	0	0
Barcelona	0	0	**1**	0

Um die Länge einer Reiseroute zu codieren, ordnet man jeder »1« eine Energie zu, die der Länge der entsprechenden Strecke entspricht. Die »1« in der vierten Spalte (Barcelona – München) hätte dann etwa 60 Prozent mehr Energie als die »1« in der ersten Spalte (München – Paris), weil die Strecke entsprechend länger ist. Physikalisch lässt sich das durch ein an das Qubit angelegtes Magnetfeld realisieren.

Die kürzeste Strecke ist dann diejenige Konfiguration aus »0«en und »1«en, die die niedrigste Gesamtenergie besitzt.

Der Trick, um dieses Energieminimum zu finden: Der Quantencomputer verlässt das Energieminimum gar nicht. Der Startpunkt ist eine Superposition aus allen Konfigurationen, also ein Zustand, der alle Reiserouten enthält. Die Entfernungen in Form der an die Qubits angelegten Magnetfelder sind noch abgeschaltet, daher ist die Energie minimal. Die Magnetfelder werden nun ganz sachte hochgefahren. Geschieht dies langsam genug, bleibt das System immer im Grundzustand, also dem energieärmsten Zustand. Es wird auf dem Weg zwar verschiedene Konfigurationen durchlaufen, aber am Ende erreicht es die gesuchte Konfiguration, die man dann nur noch ablesen muss.

Das Verfahren heißt »Quantum Annealing«, zu deutsch etwa: »Quantenausglühen«. Obwohl die Langsamkeit bei ihm eine Schlüsselrolle spielt, herrscht die Hoffnung, dass es ein Optimum deutlich schneller findet als herkömmliche Optimierungsverfahren, und zwar dank der Quantenphysik. Entscheidend ist auch hier der Tunneleffekt.

Die Suche nach dem Energieminimum ist vergleichbar mit der Suche nach dem tiefsten Tal in einem Gebirge. Klassisch gesehen muss man über viele Berge steigen, um zum tiefsten Tal zu gelangen. Dafür braucht die Suche Energie, die beim Ausglühen von Metallen von der Hitze kommt. Beim Quantenausglühen bewirkt der Tunneleffekt ein schnelleres Vorankommen. Es ist, als ob die Täler eben durch Tunnel verbunden wären. So lassen sie sich schneller »abklappern« und man findet relativ schnell das Optimum, das tiefste Tal.

Forscher nennen das »Quanten-Speedup«. Den Begriff umwabert eine magische Aura. Denn manches Problem, das im Kleinen simpel ist, wird im Großen zu einem Monster von Rechenaufgabe – wie eben das Problem des Handlungsreisenden oder die Primzahlzerlegung. Die Zahl 15 in ihre Primfaktoren 3 und 5 zu zerlegen ist simpel, aber versuchen Sie das Gleiche mal mit der Zahl 4923883498274702450050715852347 5234.

Solche Probleme wachsen »exponentiell«, d. h., mit jeder zusätzlichen Stadt oder jeder zusätzlichen Dezimalstelle vervielfacht sich die Rechenzeit. Wie sehr man dieses exponentielle Wachstum unterschätzt, veranschaulicht die Legende mit den Weizenkörnern auf einem Schachbrett. Ein indischer König wollte den Erfinder des Schachspiels belohnen. Der wünschte sich auf das erste Feld ein Weizenkorn, auf das zweite zwei Körner, auf das dritte vier: also auf jedes folgende Feld die doppelte Zahl als beim aktuellen Feld. Der König lachte über diesen vermeintlich bescheidenen Wunsch. Mehrere Tage später, so lange dauerte die Berechnung der Zahl an Weizenkörnern, musste er erfahren, dass die gesamten Weizenvorräte bei Weitem nicht reichen würden, um den Wunsch des Schacherfinders zu erfüllen. Es wären mehr als 18 Trillionen

(18.000.000.000.000.000.000) Weizenkörner gewesen. Das entspricht einer Lastwagenkolonne, die mehr als 20.000 Mal um die Erde reicht.

Exponentiell wachsende Rechenprobleme geraten ähnlich schnell jenseits jeder Handhabbarkeit. Auch wenn man ein Lösungsrezept kennt, werden die Probleme in der Praxis unlösbar, weil selbst ein Superrechner Jahre daran ackern würde. Quanten-Speedup bedeutet: Es gibt ein Lösungsrezept für einen Quantencomputer, dessen Rechenzeit bei Vergrößerung des Problems *nicht* exponentiell wächst.

So ein Lösungsrezept ist z. B. der Shor-Algorithmus. Es *garantiert* den Quanten-Speedup, sobald es einen ausreichend potenten Quantencomputer geben wird. Für das Quantenausglühen hingegen gibt es keinen mathematischen Beweis, dass es tatsächlich einen Quanten-Speedup zeigen wird. Es mag Optimierungsprobleme geben, für die es funktioniert, »und es gibt sicher Probleme, für die es nicht funktioniert«, schreibt der US-Informatiker und Blogger Scott Aaronson.

Zwar zeigen Laborexperimente Hinweise für den Quanten-Speedup beim Quantenausglühen.[36] Der D-Wave-Rechner hingegen ließ bei mehreren Tests den Quanten-Speedup vermissen. Zwar gab es schon eine Art Wettrechnen mit herkömmlichen Computern, bei dem der Quantencomputer der kanadischen Firma 50.000 Mal schneller optimierte. Kritiker beanstandeten jedoch, dass die klassischen Rechner nicht mit der bestmöglichen Software antraten. Der Quantenrechner war also nicht besonders schnell, sondern die anderen besonders langsam.

Der Physiker Matthias Troyer von der ETH Zürich hat diese Waffenungleichheit bei einem Test in 2014 beseitigt, zumindest für eine Klasse von relativ einfachen Optimierungsproblemen. Die Forscher untersuchten, wie schnell die Rechenzeit mit der Größe des Problems anwuchs, ob also ein »Quanten-Speedup« vorlag. Ergebnis: kein Unterschied zwischen Normalcomputer und Quantencomputer.

Frustration und Hoffnung

»Je mehr man probiert, desto mehr fängt man an zu zweifeln«, räumt Troyer ein. Die bisherigen Fehlversuche zeigten, dass es nicht so leicht sei, Probleme mit Speedup zu finden, wie man zunächst gedacht hatte.

---

36 Brooke, J.: Science, 284(5415): 779–81 (1999)

Dennoch ist Troyer zuversichtlich, dass Quantenausglühen funktioniert. Der D-Wave-Rechner ist die bislang einzige Umsetzung eines darauf basierenden Quantencomputers. Troyer meint, es sei zu früh, das Konzept aufzugeben.

Dass es bei einer Klasse von Optimierungsproblemen nicht funktioniert, bedeutet nicht, dass es bei anderen Klassen auch nicht funktioniert. Wie gesagt gibt es keine allgemeingültige mathematische Analyse der Methode, ihr Erfolg kann von Fall zu Fall unterschiedlich sein. Trevor Lanting von D-Wave meint, die bisher getesteten Probleme seien zu einfach gewesen.

Ein weiterer Grund für das bisherige Versagen könnte auch eine mangelnde Kontrolle über das Quantensystem sein. Laut Troyer muss das bildliche Wandern durch die Gebirgslandschaft hochgradig kontrolliert verlaufen. Zwischen den Tunneln müsse man sich schnell bewegen und dann vor den Tunneln abbremsen. Wenn man allerdings nicht wisse, wo sich die Tunnel befinden, sei man gleichsam gezwungen, sich ständig langsam zu bewegen, sprich einen langsamen Optimierungsprozess zu erhalten. Außerdem verlange die Technik eine sehr genaue Kalibrierung, also z. B. eine exakte Einstellung der Energie der Qubits. Schon kleine Fehler könnten den Speedup zunichte machen.

Eine mangelhafte technische Umsetzung betrachten viele Experten als Ursache für den fehlenden Erfolg des D-Wave-Rechners. Möglicherweise arbeite der Rechner im Wesentlichen klassisch, meinen viele. Zwar haben Tests gezeigt, dass die Maschine tatsächlich Quantenphysik nutzt. So bewies Lantings Team, dass während der Rechnung einige Qubits miteinander verschränkt sind. In Fachkreisen ist man sich einig, dass Verschränkung eine Voraussetzung für Quanten-Speedup ist. Doch Verschränkung kann stark oder schwach sein. Bei D-Wave sei sie schwach, meint Graeme Smith vom IBM-Forschungszentrum in Yorktown Heights. Daher verhalte sich die Maschine eher klassisch und rechne langsam.

Ein weiterer Grund könnte die äußerst kurze Zeit sein, für die die Qubits im D-Wave-Rechner die Superposition aufrechterhalten: Es handelt sich nur um Nanosekunden (Milliardstel Sekunden). In einer Nanosekunde kommt selbst das Schnellste, was das Universum zu bieten hat, nämlich Licht, nur rund 30 Zentimeter weit.

Troyer wurde einmal gefragt, ob er in D-Wave-Systems investieren würde.[37] Seine Antwort: »Wenn ich ein Vertreter einer großen Firma wäre, die sehr viele Optimierungsprobleme zu lösen hat, würde ich sagen: Man kann diese Hochrisiko-Investition machen.« Doch noch wisse niemand, ob sich

---

37 https://www.ethz.ch/de/news-und-veranstaltungen/eth-news/news/2014/06/d-wave.html

das auszahlt, denn es gebe noch einige Hürden zu nehmen. Die Hürden werden jedoch schwer zu überwinden sein, denn diese Art von Forschung ist äußerst teuer. D-Wave hat 100 Millionen US-Dollar investiert. Forschungslabors bringen solche Summen in der Regel nicht auf, erst recht nicht bei ungewissem Ausgang. »Als Forscher würde man das nicht riskieren«, meint Troyer. Das sehen andere Labors offenbar ähnlich. Denn bislang gab es noch keinen weiteren Versuch, das Quantenausglühen in die technische Praxis umzusetzen.

Ein neuer Anlauf

Im September 2014 sprang Google in diese Bresche. Offenbar frustriert durch die Erfahrungen mit dem D-Wave-Rechner engagierte die Firma den renommierten Quantencomputer-Experten John Martinis.[38] Er soll in der Nähe seiner Wirkungsstätte, der University of California in Santa Barbara, ein Labor für Quanten-Hardware aufbauen. Dort nimmt er einen neuen Anlauf, das Quantenausglühen umzusetzen. Den Glauben an dieses Konzept hat Google offensichtlich nicht verloren. Martinis hat ebenfalls supraleitende Qubits entwickelt. Er baute seine Qubits aus Aluminium auf einer Unterlage aus Saphir und kühlt sie auf 20 Tausendstel Grad über dem absoluten Temperaturnullpunkt (-273 °C). D-Wave nutzt andere Materialien: Die Qubits bestehen aus Niob auf einer Unterlage aus Silizium.

Laut eigener Aussage hielten Martinis Qubits die Superposition Tausende Mal länger, nämlich 30 Tausendstel Sekunden, eine Zeit, in der Licht immerhin neun Kilometer weit kommt. Der Physiker meint, mit seinen Qubits lasse sich das Quantenausglühen besser umsetzen.

Die Kooperation mit D-Wave-Systems hat Google indes nicht aufgegeben. Googles Rechner soll auf 1000 Qubits aufgerüstet werden, sobald D-Wave eine entsprechende Version seiner Maschine entwickelt hat. Diese Version des Rechners könne den Durchbruch bringen, meint Thomas Neuhaus vom Forschungszentrum Jülich, der sich intensiv mit Quantenausglühen beschäftigt. »Die jetzige Maschine mit 512 Qubits entspricht in ihrer Leistungsfähigkeit einer Workstation[39]«, sagt er. Die nächste Version werde die Leistungsfähigkeit von mehr als 1000 Workstations besitzen, zeigt sich Neuhaus überzeugt.

---

38 http://www.technologyreview.com/news/530516/google-launches-effort-to-build-its-own-quantum-computer/

39 Workstation: besonders leistungsfähiger Arbeitsplatzrechner für technische oder wissenschaftliche Anwendungen

Quantentechnologien mit Kinderkrankheiten

Dieses Kapitel hat gezeigt: Quantentechnologie ist längst Alltag, im Fall der SQUID-Magnetometrie schon seit Jahrzehnten. Auch den Flash-Speicher gibt es schon seit rund 20 Jahren, Quantenkryptographie-Systeme und Quantenzufallsgeneratoren seit rund zehn Jahren. Sogar einen Quantencomputer gibt es schon zu kaufen.

Doch dieser hält noch nicht, was er verspricht. Auch das Versprechen absolut abhörsicherer Kommunikation durch Quantenphysik konnte bisher nicht gehalten werden.

Das bedeutet jedoch nicht, dass die Hoffnungen sich zerschlagen hätten. Die Holprigkeit, mit der die Quantentechnologie in den Alltag einzieht, ist vielmehr ein ganz normales Beispiel von Technologieentwicklung. Auch der RSA-Code war in seiner Anfangszeit noch unsicher. Computersoftware muss sich ebenfalls im Alltag bewähren, Programmierfehler werden erst nach und nach ausgemerzt.

An den in diesem Kapitel gezeigten Technologien wird noch eifrig gefeilt. Die Entwickler versuchen immer mehr Kontrolle darüber zu gewinnen. Gelingt ihnen das, können die Technologien eine große Relevanz erlangen. Vor allem abhörsicherere Kommunikation dürfte sich, wenn sie einmal über weite Strecken mit hohem Datendurchsatz und zuverlässig funktioniert, verkaufen wie warme Semmeln. Für das entsprechende Bedürfnis hat die NSA mit ihrem Abhörterror gesorgt.

Doch wird auch das Kronjuwel der Quantentechnik, der Quantencomputer, in absehbarer Zeit Realität werden? Und wenn ja, wozu wird er verwendet werden? Diesen Fragen widmen sich die nächsten beiden Kapitel.

5 Rechnen mit Chloroform, Ionen oder Licht

Wie geht die Entwicklung des Quantencomputers voran?

»Die Machbarkeit von Quantencomputern ist eine der faszinierendsten wissenschaftlichen Herausforderungen unserer Zeit.«

Gil Kalai, israelischer Mathematiker und Informatiker

Für Michel Dyakonov von der Universität Montpellier, ein alter Hase der Experimentalphysik, ist der Versuch, einen Quantencomputer zu bauen, vergebliche Liebesmüh'. Es handle sich um eine idealisierte Maschine, ausgedacht von Mathematikern und theoretischen Physikern, losgelöst von der physikalischen Realität. Mit einer idealen Maschine könne man theoretisch auch die Bewegungen aller Atome im Körper exakt umkehren und von diesem Zeitpunkt an jünger werden, ätzt Dyakonov.

Allein steht er mit dieser Meinung zwar nicht, doch viele andere Forscher entgegnen, es sei kein Naturgesetz bekannt, das einen Quantencomputer verbiete. Und dass in den letzten Jahren entscheidende Fortschritte gelungen seien, die zuvor für unmöglich gehalten wurden.

Klar ist: Der Bau eines solchen Rechners ist kein Bastelabend. Warum der Quantencomputer eine neue Dimension der Ingenieurskunst erfordert und warum er mehr sein wird als einfach nur ein deutlich leistungsfähigerer Computer, mehr als nur eine Fortsetzung des Moore'schen Gesetzes mit anderen Mitteln, werden wir in diesem Kapitel sehen.

Um die Konstruktion und Funktionsweise dieser außergewöhnlichen Maschine zu verstehen, vergleichen wir sie zunächst mit dem klassischen Computer.

Hätte man um 1930 in den Straßen Londons gefragt, was ein »Computer« sei, wäre die Antwort etwas gewesen wie: Na ja, das sind diese armen Würstchen, die monotone Rechenarbeit ausführen. Ein »Computer« war damals ein Mensch, genauer eine Art Rechenknecht. In Rechenbüros tippten sie Zahlen in Tischrechenmaschinen, addierten oder multiplizierten ohne mitzudenken. Sie arbeiteten Rechenpläne ab, die Ingenieure zuvor aufgestellt hatten, um etwa die Statik einer Brücke oder eines Flugzeugflügels zu berechnen. Die Ingenieure zerlegten ihre komplizierten Formeln in eine Abfolge von Grundrechenschritten, gleichsam ein Rechenrezept, die sie als Formular zu den »Computern« weitergaben. Diese füllten die Formulare mit Zwischen- und Endergebnissen aus.

Zuse erfindet den künstlichen Rechenknecht

Auch der deutsche Computerpionier Konrad Zuse hatte sich in dieser Zeit als »Computer« betätigen müssen. Während seines Studiums in Berlin hasste er die Statikberechnungen, »mit denen man uns Bauingenieurstudenten quälte«.

Das brachte den damals 25-Jährigen auf eine Idee: Wenn noch die komplizierteste Ingenieursrechnung letztlich nichts anderes ist als eine Aneinanderreihung von Grundrechenschritten, warum dann nicht eine Maschine bauen, die Rechenrezepte, die man ihr per Lochstreifen eingibt, automatisch abarbeitet? Die Idee des programmierbaren Rechners war wiedergeboren. »Wiedergeboren«, weil der englische Erfinder Charles Babbage den gleichen Einfall schon 100 Jahre zuvor gehabt hatte. Anders als Zuse setzte er ihn aber nicht um.

Zuse benutzte schon damals das Dualsystem von Zahlen, mit dem noch heutige Computer rechnen. Es operiert mit zwei Ziffern, 0 und 1. Was beim Dezimalsystem die »Einer«, »Zehner«, »Hunderter«, »Tausender« etc. sind, sind beim Dualsystem die »Einer«, »Zweier«, »Vierer«, »Achter« etc. Die Zahl 1001 im Dualsystem ist demnach: 1 mal 8, plus 0 mal Vier, plus 0 mal Zwei, plus 1 mal Eins, entspricht also der Dezimalzahl 9.

Etwa zeitgleich mit Zuse entwickelte der Brite Alan Turing die Turing-Maschine (siehe Kapitel 2), also das theoretische Modell eines Computers. Auch er hatte sich den rechnenden Menschen zum Vorbild genommen.

Einen *praxistauglichen* Entwurf der Turing-Maschine entwickelte der aus Ungarn stammende US-Mathematiker John von Neumann im Jahr 1945. Die meisten heutigen Rechner, ob PC, Mac, Tablet oder der Steuerchip in der Waschmaschine, arbeiten nach von Neumanns Rechnermodell, auch Von-Neumann-Architektur genannt. In den letzten Jahrzehnten sind unsere Rechner nur deshalb immer leistungsstärker geworden, weil ihre elektronischen Grundbausteine, die Halbleitertransistoren, immer weiter schrumpften. Auf einen fingernagelgroßen Chip passen heute Milliarden dieser mikroskopisch kleinen Rechenarbeiter. Die gesamte digitale Revolution beruht im Kern auf der stetigen Miniaturisierung des immer gleichen Bauschemas.

Von Neumanns Geniestreich lag darin, dass er den Datenspeicher eines Rechners konzeptuell erweiterte. Er speicherte nicht mehr nur die zu verarbeitenden Daten, etwa zwei Zahlen, die addiert werden sollen. Sondern auch die Befehle, was mit diesen Daten geschehen soll, also die Software. Das ist möglich, weil sich jedes Computerprogramm in eine Folge von »0en« und »1en« zerlegen lässt, also letztlich auch nur eine Ansammlung von Daten ist. Jeder Befehl, z. B. »Drucken«, lässt sich codiert als Dualzahl darstellen.

Der Nutzer kann also, etwa durch Antippen des Symbols einer App, unterschiedliche Software in den Arbeitsspeicher seines Computers laden. Der Rechner wird zur Allzweckmaschine, mit der jedermann seinen Spaß haben kann.

Der Von-Neumann-Rechner verarbeitet Information: Vorne kommen Rohdaten hinein, werden innen umgewandelt und kommen als Ergebnis hinten heraus. Ein Architekt zum Beispiel gibt die Daten für eine geplante Brücke ein, z. B. Länge, Tragfähigkeit und Anzahl der Fahrspuren. Das Planungsprogramm verarbeitet die Eingabe. Schließlich gibt der Bildschirm das Rechenergebnis in Form einer 3-D-Graphik der Brücke aus.

Elektronische Schaltkreise ahmen den rechnenden Menschen nach

Was *im* Rechner passiert, ähnelt verblüffend einem Menschen, der mit einem Taschenrechner arbeitet. Dieser tippt nacheinander Zahlen ein und Symbole wie »Plus« oder »Minus«, die diese Zahlen verarbeiten. Ebenso schreitet der Computer Schritt für Schritt von den Eingabewerten über Zwischenergebnisse zu den Endergebnissen voran.

Beim elektronischen Computer geht das wie folgt. Aus dem Speicher holt sich der Prozessor Zahlen und Anweisungen, was er mit den Zahlen anfangen soll. Als Transportmedium dienen elektrische Signale, die durch eine Leitung, den so genannten Bus fließen. Es ergibt sich eine Abfolge wie z. B.: Addiere die Zahlen 4 und 3, multipliziere das Ergebnis mit 8, ziehe daraus die Wurzel etc.

Dabei wird *ein Befehl nach dem anderen* aus dem Speicher in den Prozessor geholt. Der Prozessor erkennt jeden Befehl und führt ihn in einem so genannten Rechenwerk aus. Das Rechenwerk enthält zwei wesentliche Komponenten. Zum einen Schaltkreise, die addieren, subtrahieren oder multiplizieren. Zum anderen Speicherzellen, so genannte Register. Diese bestehen aus einer Kette von Speicherzellen für jeweils 1 Bit. Ein Register speichert Zahlen und Befehle in Form von Dualzahlen zwischen, etwa die Zwischenergebnisse von Berechnungen. Ein Register würde im o. g. Berechnungsbeispiel etwa die Summe von 4 und 3 speichern, um sie im nächsten Schritt mit 8 zu multiplizieren.

Die Schaltkreise im Rechenwerk sind wie ein Organismus, der sich aus mehreren kleineren Schaltkreisen, den so genannten Logikgattern, zusammensetzt. Die Logikgatter bestehen aus mehreren clever verdrahteten Transistoren, die dem Computer sozusagen sein Denkvermögen geben.

Aus ein paar Arten von Logikgattern lässt sich jede Art von Berechnung aufbauen. Das Gatter kann z. B. nach dem Sowohl-als-auch-Prinzip arbeiten: Nur wenn sowohl in den einen als auch in den anderen Eingang eine »1« gesteckt wird, kommt am Ausgang eine »1« heraus, sonst eine »0«. Das nennt man ein UND-Gatter.

Eine andere Sorte von Logikgatter arbeitet nach dem Entweder-oder-Prinzip: Wenn entweder in den einen oder in den anderen Eingang eine »1« gespeist wird, kommt auch eine »1« am Ausgang heraus, sonst eine »0«. So ein Gatter heißt »XOR«, vom Englischen »eXclusive OR«. Mit diesen beiden Gattern, UND sowie XOR, kann man Dualzahlen addieren (siehe Kasten).

Nachdem das Rechenwerk das Endergebnis ermittelt hat, verlässt dieses den Prozessor über einen Bus zu einem Ausgabegerät, etwa ein Bildschirm oder Drucker.

Der ganze Ablauf ist durch Software vorprogrammiert. Der Rechner arbeitet wie ein Uhrwerk. Die gleiche Eingabe erzeugt immer die gleiche Ausgabe. Der Zufall spielt dabei keine Rolle, genauso wenig wie in einem Rechenbüro des frühen 20. Jahrhunderts. Ähnlich determiniert ist eine Wanderung entlang eines vom örtlichen Wanderclub ausgesuchten Weges: Man gelangt zuerst zum Bismarckturm, dann geht es ein Stück durch den Wald zum Aussichtspunkt und schließlich landet man in der Ausflugsgaststätte »Zum Falken«. Der klassische Computer geht gewissermaßen genauso zu Fuß wie ein rechnender Mensch, nur hat er ein deutlich schnelleres Schritttempo.

Wie man mit Logikgattern rechnet

Eine Schaltung der beiden Logikgatter UND und XOR addiert zwei Bits. Sie hat zwei Ein- und zwei Ausgänge. A und B nehmen die beiden zu addierenden Bits entgegen. C und D geben die beiden Stellen der Summe im Dualsystem aus, C die Einer und D die Zweier.

Zwei Beispiele illustrieren die Addition:

1. Liegt am Eingang A eine »1« und an B eine »0«, so kommt am Ausgang C eine »1« heraus, weil das Entweder-Oder für das XOR-Gatter erfüllt ist. Das UND-Gatter bekommt die gleichen Bits als Eingabe (an den beiden Punkten auf den Zuleitungen werden die Bits kopiert und ins UND-Gatter gespeist). Weil es aber nach dem Sowohl-als-auch-Prinzip funktioniert, gibt es an Ausgang D eine »0« aus. An den Ausgängen DC steht also 01, das duale Ergebnis von 1+0.

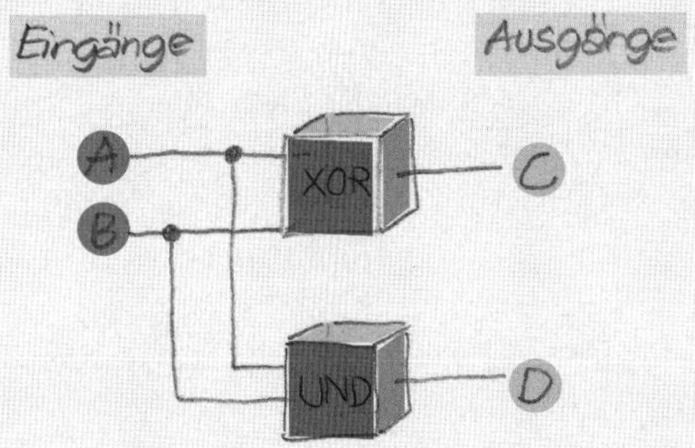

Abb. 5.1 Schaltung zur Addition zweier Bits (auch Halbaddierer genannt)

2. Liegt an beiden Eingängen eine »1«, kommt am Ausgang C eine »0« heraus, weil das Entweder-oder für das XOR-Gatter nicht erfüllt ist. Das ist sinnvoll, weil bei der stellenweise dualen Addition 1+1 = 0 gilt, ähnlich wie bei der stellenweise dezimalen Addition 9+1=0 oder 8+2 =0. Man muss dann eine »1« zur nächsten Stelle übertragen. Das erledigt das UND-Gatter: Bei ihm ergibt 1+1=1. Am Ausgang D steht also »1«.

Insgesamt ergibt sich so 1+1 = 10, was im Dualsystem richtig ist.

Parallelen und Unterschiede zwischen klassischem Rechner und Quantencomputer

Der Quantencomputer unterscheidet sich darin grundsätzlich, er geht sozusagen nicht zu Fuß und arbeitet auch nicht determiniert. Neben Unterschieden gibt es aber auch gewisse Parallelen, die beim Verständnis helfen.

Eine davon ist das Register. Auch ein Quantencomputer besitzt Register, die dann eben »Quantenregister« heißen. Diese dienen allerdings nicht allein zum Speichern oder Zwischenspeichern von Daten, sondern verarbeiten die Daten auch. Eine klare Trennung zwischen Speicherplätzen und Rechenwerk wie bei der Von-Neumann-Architektur gibt es also beim Quantencomputer nicht.

Sehen wir uns den Aufbau des Quantenregisters an. Im klassischen Rechner ist das Register ein Speicher für mehrere Bits Information. Ähnlich setzt sich ein Quantenregister aus mehreren Qubits zusammen. Weil Qubits unterschiedlichste Gestalt haben – die Polarisation von Lichtteilchen etwa, der Spin eines Elektrons oder energetische Anregungen der Elektronenhülle eines Atoms – können auch Quantenregister unterschiedliche Formen annehmen. Es kann sich um ein Molekül handeln, bei dem z. B. die Spins der Atomkerne als Qubits dienen. Auch Lichtteilchen, die durch lichtleitende Kanäle auf einem Chip flitzen, bilden ein Quantenregister. Nicht zuletzt verkörpert auch eine Kette von supraleitenden Schleifen oder von Ionen, also elektrisch geladenen Atomen, ein Quantenregister. Sehen wir uns ein konkretes Beispiel an.

Ein Team um Rainer Blatt von der Universität Innsbruck hat ein Quantenregister aus 14 Kalzium-Ionen gebaut (siehe Abb. 5.2). Auf Ionen wirkt in einem elektrischen Feld eine Kraft. Durch geschickte Anordnung mehrerer Elektroden lässt sich ein Ion in der Schwebe halten, das Ion sitzt in der Falle. Eine länglich gebaute Ionenfalle kann mehrere Ionen wie eine Perlenkette gefangenhalten. Jedes Ion hat zwei stabile Elektronenorbitale, die als »0« und »1« fungieren, wodurch das Ion zum Qubit wird.

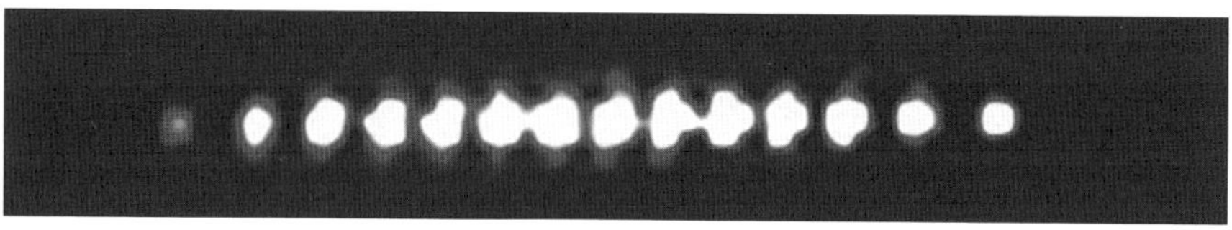

Abb.5.2 Ionen, wie eine Perlenkette in einer Ionenfalle aufgereiht, bilden ein Quantenregister. Die ganze Kette ist etwa einen Zehntel Millimeter lang. (Quelle: Universität Innsbruck)

Wie benutzt man nun so ein Quantenregister zum Rechnen? Am Anfang der Aktionen eines Quantencomputers steht der Upload von Daten in das Quantenregister, ähnlich wie beim Laden der Information über den Bus vom Speicher in den Prozessor. Allerdings erfolgt dieser nicht sequenziell, sondern es werden alle Dualzahlen, die das Quantenregister speichern kann, auf einmal geladen.

Im klassischen Register leitet der Bus elektrische Signale. Das Quantenregister wird auf andere Weise mit Information gefüttert. Mit Lichtteilchen, die durch lichtleitende Kanäle auf einem Chip flitzen, kann man etwa über halbdurchlässige Spiegel kommunizieren (siehe Kasten »Logische Lichtstrahlen«). In der Regel aber dienen elektromagnetische Wellen als Sprachrohr zu den Qubits, die Forscher *funken* die Information quasi in das Quantenregister hinein.

Rainer Blatts Team etwa benutzt dafür Laserstrahlen. Diese fokussiert es so scharf, dass sie einzelne Ionen ansprechen. Die Spins der Atomkerne von Molekülen wiederum werden mit Mikrowellen unterschiedlicher Frequenz einzeln angesprochen.

Mit einem Mikrowellenpuls bestimmter Dauer kann man den Spin um exakt 90 Grad drehen. Im Bild mit der Weltkugel (oder »Blochkugel«) aus Abb. 3.7 betrachtet, dreht der Radiopuls das Qubit vom Nordpol zum Äquator. Somit bringt er es in eine Superposition aus »0« und »1«, bei der beide Werte die gleiche Amplitude erhalten, also mit gleicher Wahrscheinlichkeit gemessen werden. Diese Aktion wird als Hadamard-Gatter bezeichnet (nach dem französischen Mathematiker Jacques Hadamard).

Wendet man das Hadamard-Gatter auf alle Qubits im Quantenregister an, gelangt dasselbe in eine Superposition *aller* Werte, die es speichern kann. Beim 14-Qubit-Register wäre das eben die simultane Speicherung aller 16.384 Dualzahlen. Für eine vergleichbare Leistung bräuchte es 16.384 klassische 14-Bit-Register[40] und somit einen Speicher von immerhin rund 200 Kilobyte, also mehr als das Dreifache des Arbeitsspeichers des legendären Heimcomputers Commodore 64 aus den 1980er Jahren. Doch es kommt noch besser: Mit *jedem* zusätzlichen Qubit *verdoppelt* sich die Kapazität des Quantenregisters. Ein Quantenregister aus nur 25 Qubits kann demnach mehr Werte simultan aufnehmen als ein moderner 4-Gigabyte-Arbeitsspeicher!

40 Register in einem klassischen Computer haben nicht 14 Bit, sondern 8, 16, 32 oder 64 Bit. Hier dient es nur als gedankliches Konstrukt zum Vergleich mit dem 14-Qubit-Register.

Logische Lichtstrahlen

Licht ist die Ruhelosigkeit selbst. Photonen, also die Teilchen des Lichtes, flitzen mit 300.000 Kilometer pro Sekunde durch die Gegend. Dennoch kann man sie als Qubits verwenden, mit denen sich kommunizieren lässt. Dazu braucht man lediglich einen halbdurchlässigen Spiegel.

Man kann einem waagrecht fliegenden Photon die Botschaft »1« zuordnen und einem vertikal fliegenden die Botschaft »0«. Wenn es waagrecht auf den Spiegel zufliegt, codiert es also eine »1«. Der Spiegel lenkt es mit je 50 Prozent Wahrscheinlichkeit nach oben ab oder lässt es einfach passieren. Solange die Wellenfunktion des Photons nicht per Lichtdetektor gemessen wird, fliegt es gleichzeitig horizontal und vertikal weiter, sprich: es befindet sich in einer Superposition aus »0« und »1«. Der halbdurchlässige Spiegel hat also als Hadamard-Gatter gewirkt.

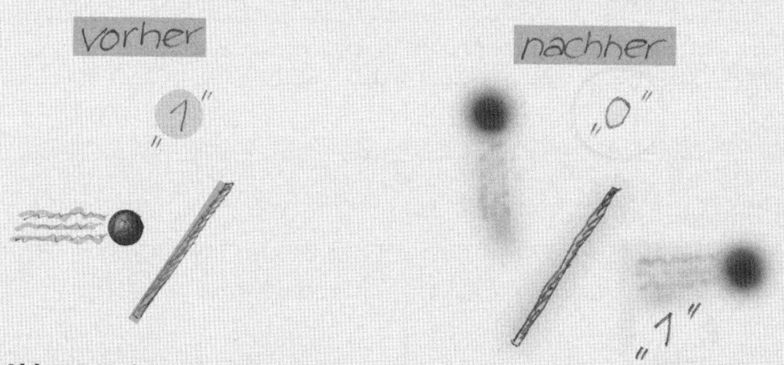

Abb. 5.3 Hadamard-Gatter für Photonen.

Das klingt toll, ist aber erst einmal nutzlos. Anstatt Eingabewerte, Zwischenergebnisse und Endergebnis nacheinander aufzunehmen und das Ergebnis am Schluss auszugeben, enthält das Quantenregister diese Werte alle schon beim Start, man weiß lediglich nicht, welche es sind (siehe Abb. 5.4). Die Antwort steckt wie eine Nadel im Heuhaufen, man muss sie nur finden.

Die Situation ist ähnlich wie in der Geschichte »Die Bibliothek von Babel« des argentinischen Schriftstellers Jorge Luis Borges. Diese fiktive Bibliothek enthält in einer unendlichen Zahl von Büchern alle möglichen Buchstabenkombinationen. Das meiste ist Zeichensalat, etwas wie »wklaöaghblcäbajklertn,yb lkti«. Da aber auch »Hamlet« von Shakespeare eine »mögliche Buchstabenfolge« ist, kommt auch dieses Drama in den unendlichen Regalmetern dieser phantastischen Bücherei vor. Man weiß halt nur nicht, wo, und kann die Leben mehrerer Bibliothekare damit verschwenden, das Zufallsprodukt – wahrscheinlich erfolglos – zu suchen.

Um den richtigen Wert aus dem Quantenregister herauszufiltern, könnte man eine Messung vornehmen. Diese zerstört die Superposition, wie wir aus Kapitel 3 wissen. Der pure Zufall bestimmt, welchen der möglichen Werte das Messgerät anzeigt. Man bekommt also *irgendeinen* der gespeicherten Werte. Was soll man damit anfangen? Das ist doch nichts anderes als ein Würfel mit 16.384 Seiten, ein besserer Zufallsgenerator. Es gleicht einem willkürlichen Griff in ein Regal der Bibliothek von Babel. Ziemlich sinnlos also. Wo sind die phänomenalen Fähigkeiten eines Quantencomputers?

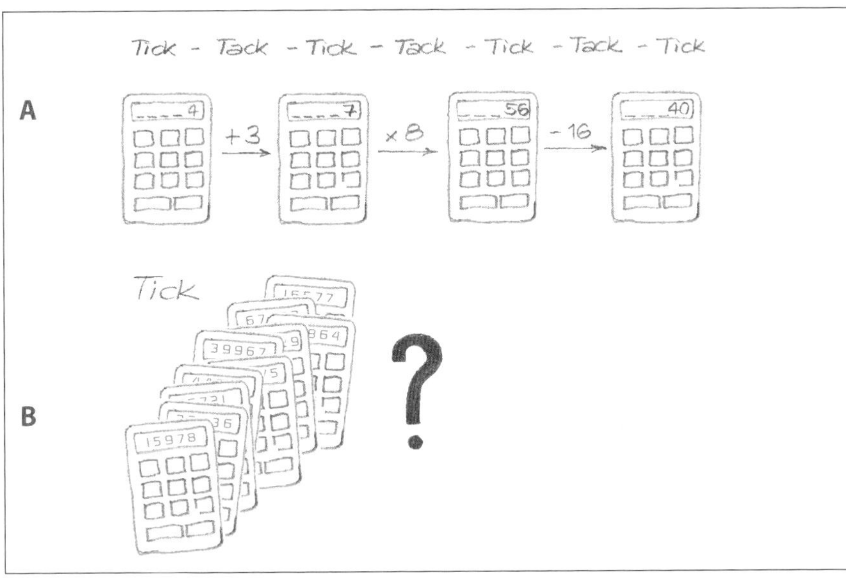

Abb. 5.4 Rechenprozess beim herkömmlichen Rechner (A, oben) und beim Quantencomputer (B, unten). Der klassische Computer verarbeitet Daten Schritt für Schritt. Es benötigt Zeit, bis das Endergebnis erreicht wird (angedeutet durch das Tick-Tack-Tick ...). Der Quantencomputer hingegen speichert alle Werte auf einmal, zu einem Zeitpunkt (»Tick«). Das Ergebnis ist einer dieser Werte. Die Aufgabe ist, den richtigen Wert herauszufiltern.

Die Antwort darauf beginnt mit einer weiteren Gemeinsamkeit zwischen klassischem Computer und Quantenrechner. Auch Letzterer arbeitet mit Logikgattern, man bezeichnet sie nur anders, nämlich als »Quantengatter«. Die Quantengatter manipulieren die Wahrscheinlichkeitswellen. Konkret heißt das, dass sie Qubits »drehen«, wie wir es, ebenfalls in Kapitel 3, anhand der »Blochkugel« kennengelernt haben.

Datenverarbeitung in parallelen Welten

Ebenso wie die Logikgatter operieren Quantengatter mit wenigen Qubits. Das oben schon erwähnte Hadamard-Gatter manipuliert jeweils nur ein Qubit. Ein weiteres Ein-Qubit-Gatter ist das NICHT- oder NOT-Gatter: Es dreht per Laser- oder Mikrowellenpuls das Qubit von einem Pol zum gegenüberliegenden Pol der Blochkugel, etwa vom Nord- zum Südpol. Es schaltet also den Wert des Qubits zwischen »Ja« und »Nein« um.

Ein Phasengatter manipuliert lediglich die Phase des Qubits, verschiebt es also *entlang* des Äquators der Blochkugel. Wir werden in Kapitel 6 sehen, wie Quantencomputer dies einmal nutzen sollen, um in riesigen unsortierten Datenbanken in wenigen Schritten ein gesuchtes Element zu finden.

Das Erstaunliche ist, dass diese Gatter zusammen mit einem einzigen weiteren Quantengatter, das mit zwei Qubits arbeitet, ausreichen, um *jede denkbare Berechnung mit einem Quantencomputer* durchzuführen.

Dieses zusätzliche Gatter, das so genannte »kontrollierte NICHT« oder abgekürzt CNOT-Gatter[41], hat es in sich. Es lässt zwei Qubits miteinander »reden«. Das eine Qubit sagt dem anderen, ob es ein NOT-Gatter ausführen soll oder nicht. Die Erlaubnis dazu erteilt es, wenn es selbst auf »1« steht. Steht es hingegen auf »0«, bleibt das zweite Qubit in seinem Zustand.

Das CNOT-Gatter kann zwei Qubits miteinander *verschränken*. Dies geschieht dann, wenn das kontrollierende Qubit eine Superposition speichert. Angenommen, das zweite Qubit steht auf »0«. Nach dem CNOT wird dann auch dieses Qubit in einer Superposition liegen und zwar so, dass beide Qubits zusammen im Zustand »00« + »11« sein werden. Somit liefern beim Auslesen die beiden Qubits stets den gleichen Wert. Das CNOT-Gatter stellt somit die neben der Superposition zweite wesentliche Ressource des Quantencomputers bereit, eben die Verschränkung.

Die konkrete Umsetzung des CNOT-Gatters in der Ionenfalle zeigt besonders anschaulich, auf welche Weise die zwei Qubits miteinander »reden«.[42] Dazu müssen sie noch nicht einmal Nachbarn in der Kette sein. Die Kommunikation erfolgt über Vibrationen der gesamten Kette. Laut Welle-Teilchen-Dualismus bestehen solche Vibrationen aus Teilchen, die als *mobile Qubits* dienen. Mobil, denn die Schwingungen pflanzen sich ja entlang der

---

41 vom Englischen «Controlled NOT«, abgekürzt: CNOT

42 Schmidt-Kaler, F. et al..: Nature 422, 408–411 (2014)

Kette fort, ähnlich wie das Schubsen eines Rüpels sich in einer dicht stehenden Menschenschlange ausbreitet. Die Vibrationen tragen Information von einem Qubit zum anderen, wobei Absender und Empfänger durch Laserstrahlen beliebig ausgewählt werden können. Wenn das mobile Qubit eine »1« transportiert, dann ändert das Empfänger-Qubit seinen Wert, sonst nicht (siehe Abb. 5.5).

Abb. 5.5 Das CNOT-Gatter in einer Ionenfalle arbeitet ähnlich wie die Impuls-Kugelreihen auf manchen Schreibtischen. Wenn die Kugel links außen an die Reihe prallt, pflanzt sich ihre Wucht durch die Reihe fort und die Kugel rechts außen schwingt nach rechts aus. Im CNOT-Gatter entspricht eine schwingende Kugel dem Wert »1«. Im Bild ist dargestellt, wie eine »1« die »0« am anderen Ende wegschubst und durch eine »1« ersetzt. Wenn links eine »0« wäre, würde nichts passieren.
In der Ionenkette überträgt ein Laserpuls das Qubit des linken Ions auf ein Vibrations-Qubit, das dann zum rechten Qubit wandert. Dort überträgt ein weiterer Laserpuls das Qubit vom Vibrations-Qubit auf das rechte Ion. Steht im rechten Qubit eine »1«, wird sie in eine »0« verwandelt.

Alle Quantengatter teilen eine bemerkenswerte Eigenschaft, die herkömmlichen Logikgattern abgeht. Angenommen, ein NOT-Gatter wird auf ein Qubit angewendet, das in einer Superposition aus »0« und »1« schwebt. Dann wird das Gatter auf *beide Teile* dieser Superposition angewendet. Das heißt: Es werden zwei Aktionen auf einmal ausgeführt! So wird das gleichzeitige Rechnen mit mehreren Eingabewerten möglich, in der Fachsprache als Quantenparallelismus bezeichnet.

Die Quantengatter machen also aus dem Quantenregister mehr als nur einen Ablageplatz für Daten. Gesteuert von Laserstrahlen oder Funkwellen wird es zu einem *Prozessor*, genauer zu einem Prozessor für Quanteninformation.

Das Orchester der Möglichkeiten

Nun können wir uns ein Bild davon machen, wie der Rechenprozess in einem Quantencomputer abläuft. Zunächst bringen Laser (oder Mikrowellen, halbdurchlässige Spiegel etc.) das Register in einen Anfangszustand. So kann etwa ein Hadamard-Gatter jedes Qubit in eine Superposition von »0« und »1« bringen. Das Quantenregister speichert dann jeden möglichen Wert mit der gleichen Amplitude.

Der eigentliche Rechenprozess besteht dann in einer Abfolge von Quantengattern an verschiedenen Qubits bzw. Paaren von Qubits. Die Abfolge spiegelt die Art des Problems wieder, die der Quantencomputer lösen soll, ähnlich wie die Abfolge der Befehle in einem Programm für einen klassischen Rechner.

Da die Quantengatter nacheinander unterschiedliche Paare von Qubits miteinander verschränken, entsteht nach und nach immer mehr Verschränkung im Quantenregister. Oder innerhalb und zwischen *den* Quantenregistern, denn ein Quantenrechner kann mehrere davon besitzen.

Statt einer Unzahl von Leitungen, die Daten in Form von elektrischen Signalen durch ein Netzwerk aus Logikgattern schleusen, rechnet ein Quantencomputer mittels einer zeitlichen Abfolge aus Signalen, die an eine überschaubare Anzahl von Qubits gesendet werden.

Das lässt sehr viel mehr an das Dirigieren eines Orchesters denken als ein sequenzielles Abarbeiten von Befehlen. Erinnern doch unterschiedlich lange Laserpulse, gerichtet an unterschiedliche Qubits, an einen Dirigenten, der sich mit seinem Taktstock an verschiedene Musiker eines Orchesters wendet.

Ein entscheidender Unterschied zum klassischen Computer ist dabei der Quantenparallelismus. Die Gatter angewendet auf eine Superposition verarbeiten mehrere Werte gleichzeitig. Es ist sogar möglich, mit wenigen Quantengattern *alle* gespeicherten Werte parallel zu verarbeiten. Mit 14 Qubits lassen sich also 16.384 Werte simultan verarbeiten.

Der Quantencomputer kann also prinzipiell mehre Lösungsmöglichkeiten eines Problems gleichzeitig testen. Hier wird die Analogie mit einem Orchester noch greifbarer, denn die Quantengatter bringen die Wahrscheinlichkeitswellen der Qubits zu einer Überlagerung, sodass sich die Wellen, die zu falschen Lösungen führen, durch Interferenz auslöschen, während sich die Wege zur richtigen Lösung gegenseitig verstärken. Ähnlich verbinden sich Töne im Orchester zu Akkorden und diese zu einem Musikstück. Faszinierend dabei: Verwendete man 300 Qubits oder mehr, ließe sich mit ein paar Taktschlägen quasi ein ganzes Universum dirigieren.

Das Ganze gleicht einem Filterungsprozess, bei dem die anfangs im Quantenregister gespeicherten Werte nach und nach neutralisiert werden, bis der richtige Wert übrig bleibt. Das Auslesen des Ergebnisses erfolgt ebenfalls per »Funk«, bei den Innsbrucker Ionen z. B. per Laser: Laserlicht regt die Ionen zum Aussenden von Licht an, sofern sie im Qubit-Zustand »1« sind. Leuchten bedeutet also »1«, Nicht-Leuchten »0«. Ein Bildsensor registriert diese Information.

Ein klassischer Computer hingegen müsste alle Werte, fein säuberlich einen nach dem anderen, durch seine Maschinerie schleusen, um zum gleichen Ergebnis zu kommen. Er kann zu einem Zeitpunkt x immer nur eine Lösung erreichen. Entpuppt sie sich als falsch, ist nichts gewonnen. Der Rechner muss einen neuen Lösungsweg probieren, von dem er genauso wenig weiß, ob er besser oder schlechter ist als der vorige.

Einen Nachteil hat das Quantenrechnen aber: Es ist nicht deterministisch. Das richtige Ergebnis kann zwar eine höhere Messwahrscheinlichkeit erlangen als die anderen, was aber nicht unbedingt heißt, dass die anderen Wahrscheinlichkeiten auf null sinken. Das gemessene Ergebnis kann falsch sein. Daher muss der Prozess so oft wiederholt werden, bis man sich sicher ist.

Paralleles Rechnen ist natürlich auch mit klassischen Computern möglich und wird in Computernetzwerken oder Superrechnern ja auch praktiziert. So kann man durchaus mehrere Lösungswege gleichzeitig testen, wenn auch mit erhöhtem Aufwand an Hardware.

Ein Superrechner, groß wie Mitteleuropa

Der Punkt ist, dass dieser Zusatzaufwand bei bestimmten Aufgaben astronomische Ausmaße annähme. Der Physiker Jörg Wrachtrup von der Universität Stuttgart veranschaulicht das anhand der Schwierigkeit, RSA zu knacken (siehe Kap. 1).

Um an den Schlüssel zu kommen, müsste ein Angreifer eine 640-stellige Zahl in ihre Primfaktoren zerlegen. Er müsste also zwei bestimmte 320-stellige Zahlen im Heuhaufen aller Zahlen dieser Größe finden. Wobei »Heuhaufen« stark untertrieben ist: Es gibt mehr 320-stellige Zahlen als Elementarteilchen im Universum. Weil die beiden richtigen erraten werden müssen, hat der Angreifer extrem schlechte Karten. Ein Sechser im Lotto ist eine sichere Bank dagegen.

Um schneller zu raten, kann er einen Computer einsetzen. Doch selbst wenn er den Supercomputer der Uni Stuttgart verwendet, der pro Sekunde eine Million Billiarden Rechenoperationen ausführt, würde das Stochern im Heuhaufen zehn Jahre dauern. Nun werden Rechenchips immer leistungsfähiger und in fünf oder zehn Jahren könnte es einen Rechner geben, der es in ein paar Stunden schafft. Doch es wäre dann relativ leicht, RSA auf Zahlen mit 2048 Stellen zu basieren und damit die Schwierigkeit zu vervielfachen, sodass auch die neuen Rechner wie der Ochs' am Berg dastehen würden.

»Um eine 2048-stellige Zahl mit *heutiger* Technik in Primfaktoren zu zerlegen, bräuchte man einen Rechner von der Größe Mitteleuropas«, sagt Wrachtrup. Dessen Kühlanlagen würden zudem ganz Skandinavien bedecken. »Er würde eine Million Billionen Euro kosten und an einem einzigen Tag den gesamten Energievorrat der Erde aufzehren«, veranschaulicht der Physiker.

Für einen künftigen Quantencomputer hingegen sind 640-stellige, aber auch noch viel größere Zahlen durchaus handhabbar, ohne dass sämtliche Kraftwerke des Planeten heißlaufen würden. Weil sich die Speicherkapazität mit jedem zusätzlichen Qubit verdoppelt, reichen schon relativ wenige Qubits aus, um eine enorme Anzahl von Möglichkeiten zu testen. Wir erinnern uns: 300 Qubits speichern mehr Werte als es Teilchen im Universum gibt. Experten schätzen, dass ein RSA-knackender Quantencomputer einige Tausend Qubits benötigen würde. Allerdings ist man davon heute noch weit entfernt, wie wir gleich sehen werden.

Ohne Verschränkung würde der Quantencomputer diese Leistung nicht hinbekommen. Für diese »spukhafte Fernwirkung« (Einstein) gibt es in der klassischen Welt einfach keine Entsprechung, auch Parallelprozessoren in Supercomputern kriegen sie nicht hin. Sie ist so wichtig, dass die Innsbrucker Physiker eine Kette aus 64 Kalziumionen, die sie ebenfalls herstellen können, nicht als Quantenregister bezeichnen. Denn nur die 14 Ionen der kürzeren Kette können sie auf kontrollierte Weise miteinander verschränken.

Signale aus der Zukunft

Warum ist die Verschränkung nun so wertvoll? Während das Quanten-Orchester spielt baut sich eine Verschränkung zwischen den Eingabewerten und den möglichen Ergebnissen auf. Die Wirkungen sprechen sozusagen mit ihren Ursachen. Das ist so ähnlich, als würden im klassischen Computer die Endergebnisse, die falschen wie die richtigen, Rückmeldungen aus der Zukunft geben, in der sie nacheinander eintreffen, und den Startwerten melden: »Hallo! Diesen Weg könnt ihr euch sparen!« Oder eben: »Genau! Das ist der richtige Weg!« Ohne eingebaute Zeitmaschine ist das nicht zu machen. Wie diese Kommunikation zwischen Ergebnissen und Ausgangswerten konkret aussieht, werden wir im nächsten Kapitel anhand des Shor-Algorithmus sehen. Der Shor-Algorithmus ist eine Art Programm für einen Quantencomputer, im Orchester-Bild also eine Partitur. Der Mathematiker Peter Shor hat ihn 1994 an den Bell Labs im US-amerikanischen Murray Hill entwickelt und damit die öffentliche Aufmerksamkeit auf das bis dahin unbeachtete Forschungsfeld »Quantencomputer« gelenkt. Denn der Shor-Algorithmus ist es, der das bis dahin als todsicher geltende RSA-Verfahren auszuhebeln droht.

Da die Rechenergebnisse mit ihren Ausgangswerten direkt zusammenhängen, kann während der Quantenrechnung keine Information verlorengehen. Der Prozess könnte genauso gut rückwärts ablaufen. Ähnlich wie der Bindfaden, den man beim Durchschreiten eines Labyrinths abspult, sicherstellt, dass man wieder zurückfindet.

Ein klassischer Computer hingegen »vergisst« während des Rechnens. Man sieht diesen Unterschied schon zwischen herkömmlichen Logikgattern und Quantengattern. Ein UND- oder XOR-Gatter hat zwei Eingänge und einen Ausgang. Aus zwei eingegebenen Bits wird ein ausgegebenes Bit, ein Bit Information geht verloren. Die Quantengatter hingegen haben entweder einen Eingang und auch einen Ausgang bzw. zwei Eingänge und zwei Ausgänge (CNOT-Gatter). Die Eigenschaft der Informationserhaltung klingt unerheblich, hat aber wichtige Konsequenzen, wie folgender Kasten zeigt.

Computerchips ohne Wärmeproduktion

Das Laptop auf dem Schoß kann schon mal sehr warm werden. Heutige Rechner wandeln die Energie aus der Steckdose in Wärme um. Durch die Miniaturisierung von Mikrochips steigt die Rechenleistung und damit die Wärmeproduktion – schon heute ein Problem für die Kühlung. Um Computer weiter zu schrumpfen, muss die Energieeffizienz verbessert werden, weil sonst, überspitzt gesagt, bei weiter steigender Rechenleistung irgendwann die Mikrochips kochen.

Doch die Effizienz lässt sich nicht beliebig steigern. Warum nicht? Information ist nicht körperlos, sondern sie ist physikalisch, wird also stets in einem materiellen Etwas gespeichert, z. B. den Transistoren im Computer.

Deshalb ist das Löschen von Information nicht folgenlos. Jedes vernichtete Bit erzeugt Wärme. Und in einem normalen Computer wird viel Information vernichtet. Heute fällt der Anteil an Wärme, die durch diese Informationsvernichtung entsteht, noch nicht ins Gewicht. Doch bei weiterer Miniaturisierung wird in absehbarer Zeit mehr Wärme durch Informationsverlust entstehen, als durch Kühltechnik abgeführt werden kann. Der Fortschritt wäre gestoppt.

Bei einem Quantencomputer würde dieses Problem nicht auftreten. Denn er verliert keine Information. Daher entsteht auch keine Wärme durch Informationsvernichtung.

Wenn die Leistungsfähigkeit von Computern an den besagten Punkt kommt, dann wird es womöglich keine andere Wahl geben, als auf Quantencomputer umzusteigen. Falls diese dann schon einsatzbereit sein werden.

Es ginge allerdings auch ohne Quantencomputer. Denn auch klassisches Rechnen lässt sich durch andere Logikgatter so gestalten, dass Information erhalten bleibt. Dafür braucht man aber eine Menge zusätzlichen Speichers.

Wir wissen nun, worin sich Quantencomputer von normalen Rechnern wesentlich unterscheiden. Der Abschnitt hat auch gezeigt, dass keine Magie dahintersteckt und dass ein Quantencomputer relativ einfach aufgebaut ist. Warum steht dann noch kein superschneller, energiesparender Quantencomputer auf meinem Schreibtisch, mögen Sie fragen. Nun, die Orchestrierung der Qubits erfordert ein hohes Maß an Kontrolle über einzelne atomare und subatomare Teilchen. Die Entwickler des Quantencomputers stehen auch nach 20 Jahren Arbeit noch vor enormen Hürden. Wir werden sehen, wie weit sie sind, was ihre Computer schon gemacht haben und worin die Hürden auf dem Weg zu einem wirklich leistungsfähigen Quantencomputer bestehen.

Quantenrechnen mit Chloroform

In den letzten rund 30 Jahren hat sich sehr viel getan. Die Idee des Quantencomputers betrat im Jahr 1982 die Bühne. Sie stammt von dem Physik-Nobelpreisträger Richard Feynman. Der US-Amerikaner war ein Technologie-Visionär. In einer legendären Rede mit dem Titel »Unten ist jede Menge Platz«[43] hatte er schon 1959 mikroskopisch winzige Technologie vorhergesehen, weshalb er heute als einer der Erfinder der Nanotechnologien gilt.

Feynman beeinflusste die Entwicklung der Quantenphysik seit den 1940er Jahren maßgeblich. 1981 stellte er die Frage, ob ein klassischer Computer in der Lage sei, physikalische Systeme *effizient* zu simulieren. Die Frage ist rhetorisch, denn schon einfache Quantensysteme lassen sich auf einem Computer nur mithilfe von starken Vereinfachungen beherrschen. Feynman hatte die Idee, Quantenobjekte als Rechner zu nutzen, da diese selbst nach den Regeln der Quantenphysik funktionieren und daher auch ohne die fehlerträchtigen Vereinfachungen auskommen sollten. Feynman sprach also von einer Art Quantenrechner.

Andere griffen die Idee auf. Erste theoretische Entwürfe für Quantencomputer tauchen noch in der ersten Hälfte der 1980er Jahre auf, unter anderem vom israelisch-britischen Physiker David Deutsch. Anfang der 1990er Jahre wurden erste Algorithmen für den noch hypothetischen Rechner entwickelt. Zunächst gebrach es diesen an Spektakularität. Doch dann kam der Knüller: Shors Algorithmus. Er verlieh dem Feld deutlichen Schwung.

Theoretische Physiker machten sich Gedanken, wie man einen Quantencomputer bauen könnte. Die ersten konkreten Schritte folgten auf dem Fuß. Noch in 1994 schlugen der Spanier Ignacio Cirac und der Österreicher Peter Zoller vor, ein CNOT-Gatter mit Ionen in einer Falle zu verwirklichen. Das Team des späteren Nobelpreisträgers David Wineland setzte dies 1995 erstmals um. Im gleichen Jahr verwirklichte ein Team um Jeff Kimble vom California Institute of Technology ein CNOT-Gatter mit Photonen.

43 Im engl. Original: «There's Plenty of Room at the Bottom«

Um das zu erreichen, hatten die Forscher existierende Laborversuche modifiziert. »Weil das relativ einfach war, dachte man, schnell einen Quantencomputer bauen zu können«, sagt Seth Lloyd vom Massachusetts Institute of Technology (MIT) in Cambridge, selbst einer der Pioniere. Doch das sollte sich bald als Irrtum erweisen. Zunächst aber gab es weitere Erfolge.

Einer der wichtigsten Meilensteine war ein Quantencomputer aus dem *Reagenzglas*! Isaac Chuang, damals am Almaden Forschungszentrum von IBM, hat ihn gebaut. Es handelt sich um ein Molekül namens Perfluorobutadienyl-Eisen-Komplex. Kaum zu glauben, dass eine banale chemische Verbindung Shors Algorithmus ausführen kann, oder? Dennoch hat das Molekül die Zahl 15 in ihre Primfaktoren 3 und 5 zerlegt, im Jahr 2003 war das.

Die fünf Fluor-Atome und zwei der Kohlenstoff-Atome dieser Verbindung hat Chuangs Team durch Isotope (gleiches Element, aber unterschiedliche Zahl an Neutronen) ersetzt, die einen Spin haben, also als Qubit wirken können (das sind in Abb. 5.6 die Kugeln, die von einem Pfeil aufgespießt erscheinen).

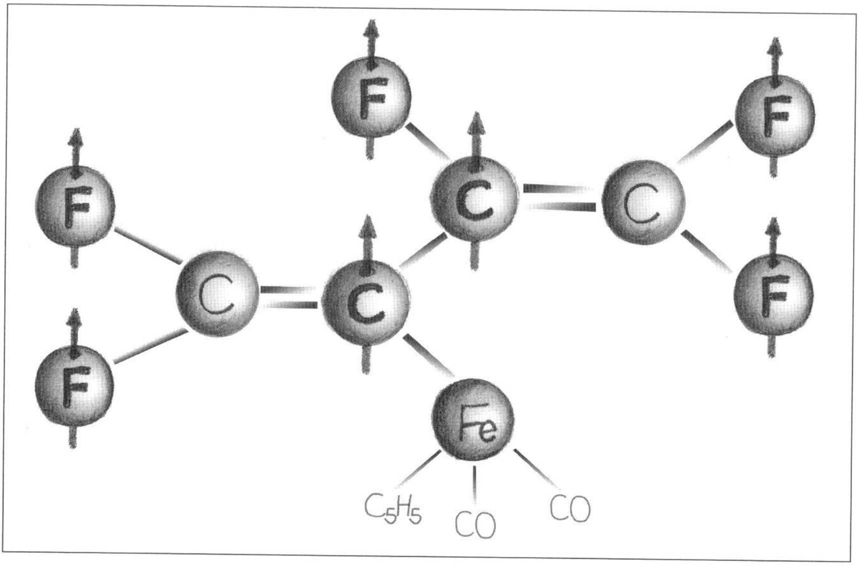

Abb. 5.6 Dieses Molekül ist der erste Quantencomputer, der Shors Algorithmus ausgeführt hat. Als Qubits dienen vier Fluor-19-Isotope und zwei Kohlenstoff-13-Isotope (fette »F« und »C« mit Pfeilen durch). Die Kerne dieser Isotope besitzen einen Spin, daher können sie als Qubits dienen. Faktorisiert wurde damit die Zahl 15.

Um mit dem Molekül zu rechnen, musste Chuangs Team mit ihm »sprechen«, also seine Qubits gezielt manipulieren und zwar so, dass mit jedem Qubit ein individueller Dialog möglich wurde. Als Sprachrohr verwendeten sie eine Technik, die Otto Normalverbraucher aus der Medizin kennt: die Kernspinresonanz, kurz NMR (vom englischen »Nuclear Magnetic Resonance«).

Die Forscher haben eine Flüssigkeit dieser Moleküle – die eine Unzahl der winzigen Quantencomputer enthält – einem starken Magnetfeld ausgesetzt. Dadurch richten sich die Spins der Atomkerne der Fluor- und Kohlenstoff-Atome aus wie Kompassnadeln. Dabei bleiben sie aber nicht statisch, sondern taumeln wie Kreisel um die Richtung des Magnetfelds herum. Jeder Spin kreiselt mit einer etwas anderen Frequenz.

Strahlt man nun Radiowellen mit einer dieser Frequenzen ein, reagiert der so angesprochene Spin. Die sieben Qubits sind also mit Antennen vergleichbar, von denen jede eine andere Empfangsfrequenz hat. So lassen sie sich einzeln ansprechen, sie können also einer Abfolge von Hadamard-Gattern, Phasengattern oder CNOT-Gattern ausgesetzt werden.

Chuangs Team etwa sendete Hunderte kurzer Radiopulse zu den sieben Qubits. Am Ende dieser Sequenz sendeten die Qubits über Radiowellen das Rechenergebnis. Die Moleküle antworteten so auf die Frage der Forscher. Alle Moleküle in der Flüssigkeit machten dabei denselben Prozess durch. Wie ein Fanchor in der Südkurve schrien sie aus einem Hals das Ergebnis, sodass es die Forscher auch »hören«, sprich messen konnten.

In der Folgezeit haben Forscher andere Moleküle auf ihre Eignung als Quantencomputer ausprobiert, etwa Chloroform, das mit einem Kohlenstoff- und einem Wasserstoff-Atom als Qubits rechnet. Physiker um Leo Zhou vom MIT haben mit Chloroform den so genannten Grover-Algorithmus umgesetzt (siehe auch Kapitel 6). Das ist eine »Partitur« des indisch-amerikanischen Informatikers Lov Grover, die unsortierte Datenbanken deutlich schneller durchsucht als jedes klassische Computerprogramm dies könnte. Allerdings durchsuchte das Chloroform nur eine »Datenbank« mit vier Einträgen.

Auch mit Ionenketten wurden schon Rechnungen ausgeführt, z. B. der so genannte Deutsch-Algorithmus von David Deutsch. Der Algorithmus prüft, bildlich gesprochen, mit einem Blick, ob eine Münze zwei gleiche Seiten hat, also gezinkt ist oder nicht. In der klassischen Welt braucht man dafür zwei Blicke, zwischen denen man die Münze umdrehen muss, um ihre andere Seite zu sehen.

Ein Rangierbahnhof für Lichtteilchen

Es würde den Rahmen sprengen, *alle* Ansätze abzuhandeln, die in den letzten zwei Jahrzehnten entwickelt wurden. Ein weiteres Beispiel möchte ich jedoch noch ausführen, um einen Eindruck davon zu vermitteln, wie unterschiedlich die Konzepte sind (einen kurzen Überblick liefert der Kasten »*And the Winner ... steht noch nicht fest*«).

Obwohl Photonen mit Lichtgeschwindigkeit durch die Gegend sausen, kann man sie als Qubits nutzen. Der aus Deutschland stammende Physiker Dirk Englund vom MIT weiß auch, wie das geht. Sein Team entwickelt Mikrochips, auf denen Lichtteilchen durch eine Art Rangierbahnhof aus Lichtbahnen reisen (siehe Abb. 5.7).

Der »Bahnhof« ist ein programmierbarer Rechner: Je nachdem, wie die Weichen gestellt sind, flitzen die Photonen entlang unterschiedlichen Wegen. Das bedeutet, dass Quantengatter unterschiedlich durchlaufen werden – die Berechnung ändert sich.

Abb. 5.7 Ein Silizium-Chip mit Lichtbahnen bildet einen programmierbaren photonischen Quantencomputer. (Quelle: Nicholas Harris, MIT)

Links treten die Photonen in Lichtbahnen ein, die auf Abb.5.7 als feine Linien zu erkennen sind. Je zwei davon bilden ein Qubit, je eine Bahn steht dabei für »0« bzw. »1«. Die Lichtbahnen laufen aufeinander zu, eine Weile parallel und dann wieder auseinander. Wo sie sich nahekommen, können sie die Positionen wechseln. Wie wahrscheinlich dieser Wechsel ist, lässt sich mit elektronischen Bauelementen, deren Zuleitungen am oberen Bildrand erkennbar sind, steuern. Der obige Kasten »Logische Lichtstrahlen« hat gezeigt, wie ein halbdurchlässiger Spiegel als Hadamard-Gatter für photonische Qubits dienen kann. Ähnlich ist es hier, nur dass die Durchlässigkeit des Spiegels variiert werden kann: Er lässt ein Photon mit 20, 50 oder 80 Prozent passieren oder mit irgendeinem anderen Wert. Auf diese Weise lassen sich nicht nur Hadamard-Gatter, sondern unterschiedliche Quantengatter programmieren.

Englunds Mitarbeiter Nicholas Harris erzählt, dass er versucht, den Energietransport bei der Photosynthese zu simulieren. Die Photonenchips werden also bereits als Quantencomputer benutzt.

Heute versuchen Forscher rund um den Globus, Quantencomputer aus verschiedenen Arten von Qubits zu bauen. Während der Recherchen zu diesem Buch habe ich viele Experten gefragt, welche Umsetzung die besten Chancen habe. Ergebnis: Das Rennen ist offen. Es gibt keinen klaren Favoriten. »Zwar haben viele Ansätze klare Vorteile auf einem Gebiet, dafür aber Nachteile auf einem anderen«, sagt der Informatiker Scott Aaronson vom MIT, der das Forschungsgebiet auf seinem viel beachteten Blog Shtetl-Optimized[44] beobachtet. Ein Prototyp, der bei Raumtemperatur funktioniert, was ein großer Vorteil ist, hat z. B. den Nachteil, dass sich die Qubits noch nicht präzise positionieren lassen und sich Information nur schwer auslesen lässt. Einen Überblick über wichtige Ansätze liefert folgende Tabelle (ohne Anspruch auf Vollständigkeit):

And the Winner ... steht noch nicht fest.

Es gibt viele Möglichkeiten, Qubits zu verwirklichen. Jeder der folgenden Ansätze könnte zu einem Quantencomputer führen. Auch eine Kombination daraus könnte das Rennen machen.

→

44 www.scottaaronson.com/blog/

Technologie	Wie wird das Qubit verwirklicht?	Wer arbeitet daran? (Beispiele)
NMR-Quantencomputer	Kernspins von Atomkernen	Isaac Chuang, Massachusetts Institute of Technology, Cambridge
Gefangene Ionen	Per Laser ansprechbare Anregungen der Elektronenhülle des Ions; Vibrationen der Ionenkette als Datenleitung für Qubits	Rainer Blatt, Universität Innsbruck; David Wineland, NIST, Boulder, Colorado
Supraleitende Qubits	Supraleitende Leiterschlaufen, so genannte Josephson-Kontakte, in denen Strom links und rechtsherum simultan fließen kann.	John Martinis, University of California, Santa Barbara; Firma D-Wave-Systems, Burnaby, Kanada
Atome in optischen Gittern	Spin des Atoms	Immanuel Bloch, Max-Planck-Institut für Quantenoptik, Garching; Johannes Denschlag, Universität Ulm
Photonische Quantencomputer	Polarisation von Lichtteilchen (die Richtung, in der die Lichtwelle schwingt); Anwesenheit bzw. Abwesenheit von Photonen kann »1« bzw. »0« codieren. Eine weitere Verkörperung des Qubits ist die Ankunftszeit (früh oder spät) eines Photons.	Markus Aspelmeyer, Universität Wien; Andrew White, University of Queensland, Brisbane
Quantenpunkte (Quantendots)	Ein Quantenpunkt ähnelt einer Kirsche: Die eine Sorte von Halbleiter steckt wie ein Kern in einer anderen Sorte von Halbleiter, die die Schale bildet. Der Kern hält ein einzelnes Elektron gefangen. Dessen Spin oder sein Aufenthaltsort im Quantenpunkt dient als Qubit.	David DiVincenco, Forschungszentrum Jülich; Gudio Burkard, Universität Konstanz →

Technologie	Wie wird das Qubit verwirklicht?	Wer arbeitet daran? (Beispiele)
Diamanten-basierter Quantencomputer	Spin von »NV-Zentren« in Diamanten. NV-Zentrum: Kombination aus Stickstoff-Atom und einer Leerstelle im Kristallgitter des Diamanten.	Jörg Wrachtrup, Universität Stuttgart, Mikhail Lukin, Harvard University, Cambridge (Massachusetts)
Gequetschtes Licht	Licht, bei dem entweder die Intensität oder die Phase minimal möglichen Schwankungen ausgesetzt ist, d. h., die Variationen sind nicht größer als es die Heisenberg'sche Unschärferelation fordert. Die beiden Möglichkeiten (konstante Intensität bzw. Phase) können als »0« und »1« eines Qubits gewertet werden.	Christoph Marquardt, Max-Planck-Institut für die Physik des Lichtes, Erlangen

Auch wenn unterschiedliche Teams an unterschiedlichen Problemen herumdoktern, so gibt es doch zwei Hauptprobleme, die der Umsetzung eines Quantencomputers im Wege stehen und bei denen noch keiner der Ansätze wirklich überzeugt. Die eine Megahürde ist die so genannte Skalierbarkeit.

Hierzu machen wir noch einmal einen Ausflug in die Geschichte der klassischen Computer. Bald nachdem Konrad Zuse den ersten lauffähigen Computer gebaut hatte, entstand an der University of Pennsylvania etwas, das man als den ersten Großrechner bezeichnen könnte: der Computer ENIAC[45]. Er füllte mit seinen 18.000 Elektronenröhren einen ganzen Saal. Das Ungetüm diente der Armee zur Berechnung der Flugbahnen von Geschossen. Schon damals kämpften die Ingenieure gegen Computercrashs: Alle zwei Tage versagte eine der Elektronenröhren, was den ganzen Rechner für mindestens 15 Minuten lahmlegte.[46]

Ein heutiger PC-Prozessor besitzt 500.000 Mal mehr elektronische Schalter als ENIAC und ist entsprechend leistungsfähiger und flexibler. Wäre damals jemand auf den Wahnsinn verfallen, ENIAC zu dieser Größe auszubauen, hätte er dafür nicht nur den gesamten Wohnraum einer Millionen-

45 Abkürzung für Electronic Numerical Integrator and Computer

46 http://www.computerworld.com/article/2561813/computer-hardware/q-a--a-lost-interview-with-eniac-co-inventor-j--presper-eckert.html

metropole gebraucht. Es wären auch pro Stunde über 100 Elektronenröhren ausgefallen. Der Reparaturaufwand wäre immens angestiegen. So ein Computer hätte in der Praxis nie laufen können. Im Fachjargon würde man sagen: ENIAC war nicht *skalierbar*. Er ließ sich ohne gigantischen Zusatzaufwand nicht beliebig vergrößern.

Dazu musste erst der Transistor erfunden werden, ein aus einem robusten Stück Halbleiter bestehender elektronischer Schalter. Das passierte gegen Ende der 1940er Jahre. Der Transistor arbeitet wesentlich zuverlässiger als eine Elektronenröhre. Zudem lässt sich das Bauteil im Prinzip unbegrenzt verkleinern. Dieses Stück Technik, so viel war schon damals klar, konnte zu Tausenden oder Millionen auf kleinstem Raum untergebracht werden, ohne dass dabei die Häufigkeit von Ausfällen ins Kraut schoss. Die Skalierbarkeit, die ENIAC noch fehlte, war nun gegeben.[47]

An diesem Punkt übernahm die Industrie den Stab: Sie entwickelte Präzisionsverfahren für möglichst fehlerfreie Transistoren. Schließlich gelang es, Transistoren mit Lichtstrahlen in flache Halbleiterscheiben, die so genannten Chips, einzugravieren. Damit konnten Mikrochips fast wie Bücher oder Zeitungen in Massen hergestellt werden. Die Chips entstehen in weitestgehend von Staubpartikeln befreiten Reinräumen. So bleiben sie frei von störenden Fremdpartikeln. Abermillionen Transistoren können fehlerfrei arbeiten.

Gesucht: Der »Transistor« des Quantencomputers

Eine ähnliche Staffelübergabe zwischen Forschung und Industrie gab es beim Quantencomputer noch nicht. Zwar erforscht etwa das Branchenschwergewicht IBM in seinen Almaden-Forschungslabors in Kalifornien Quantencomputer. Auch Microsoft widmet sich in seinem Forschungslabor »Station Q« an der University of California, Santa Barbara, dem Quantenrechnen. Aber dabei geht es nicht etwa um praxistaugliche Massenherstellungsverfahren, sondern um Grundlagenforschung.

»Der Quantencomputer hat seinen Transistor noch nicht gefunden«, sagt Scott Aaronson. Man befinde sich etwa auf der Stufe des ENIAC, vergleicht der Informatiker. Mit anderen Worten: Bislang gibt es noch keinen Quantencomputer, der sich auf mehr als ein paar Qubits ausbauen ließe. Damit die Algorithmen von Shor und Grover für Alltagsanwendungen relevant wären, bräuchte man Quantencomputer mit Tausenden von Qubits, wahrscheinlich noch deutlich mehr.

47 http://research.microsoft.com/en-us/um/people/gray/moore_law.html

Der Molekül-Quantencomputer lässt sich am wenigsten ausbauen. Denn ein Chloroform-Molekül ist ein Chloroform-Molekül. Es hat nun mal nur zwei Qubits, genauso wie ein Hund eben nur vier Beine hat. Man könnte sich vorstellen, mit Riesenmolekülen zu arbeiten, etwa Polymeren, die aus Tausenden von Atomen bestehen. Doch solche Moleküle lassen sich schwerer als Kollektiv kontrollieren. Nur ein kleiner Teil der Qubits würde das Ergebnis senden.[48] Es würde ebenso im Rauschen untergehen wie einige einsame Fans in der Südkurve, die einen Gesang anstimmen wollen, in den all die anderen aber nicht einstimmen.

Eine Perlenkette hingegen ist etwas, das sich beliebig verlängern lässt, dazu muss man nur weitere Kugeln auf die Schnur fädeln. Eine Perlenkette kann man also im Prinzip unendlich skalieren. Doch in der Praxis wäre das nutzlos. Mit wachsender Länge kann man sie sich zwar mehrfach um den Hals schlingen. Irgendwann wird sie aber zu schwer, um sie bequem zu tragen. Ein Musterbeispiel an Skalierbarkeit ist eine Perlenkette daher nicht.

Bei der Ionenfalle ist es ähnlich. Weil sie theoretisch beliebig lang gebaut werden kann, indem immer noch ein weiteres Ion dazugesetzt wird, setzten Entwickler des Quantencomputers in den 1990er Jahren auf diese Technik.

Doch wie der Perlenkette gebricht es dem Ionenfallen-Quantencomputer an Skalierbarkeit und zwar aus dem gleichen Grund: Die Kette wird immer schwerer. Das macht Operationen in der Kette immer schwerfälliger und die Rechnungen benötigen immer mehr Zeit. Und Rechenzeit ist bei einem Quantencomputer eine knappe Ressource, wie wir noch sehen werden.

Dass es nur eine Datenleitung zwischen den Ionen gibt, nämlich die Ionenkette selbst mit ihren Vibrationen, ist ein weiterer Flaschenhals. Je mehr Qubits die Kette enthält und je komplexer die Berechnungen werden, desto mehr Datenverkehr entsteht. Und den kann eine einzige Leitung freilich irgendwann nicht mehr schultern.

Auch der Kontrollaufwand schießt ins Kraut: Um die Verschränkung eines Quantenregisters aus 8 Qubit nachzuweisen, brauchten die Innsbrucker 650.000 Messungen, für das 14-Qubit-Register waren es fast eine halbe Milliarde Messungen, die Tage dauern.

Ernüchtert waren die Innsbrucker Forscher zudem von der Beobachtung, dass mit jedem zusätzlichen Qubit die Empfindlichkeit gegenüber Störungen aus der Umwelt deutlich stärker zunimmt als angenommen. Mit der Größe des Quantenregisters steigt also die Dekohärenz. Als Vergleich taugt eine Schulklasse.

---

48 http://www.sciencemag.org/content/277/5332/1688.full

Ein Lehrer kann vielleicht 20 oder 30 Schüler, darunter zwei oder drei notorische Störenfriede bändigen. Eine 40-köpfige Klasse mit sechs Klassenclowns wird vielleicht noch so lala funktionieren. Aber 80 Kids, darunter 15 Rowdys – unmöglich.

Experten schätzen daher, dass Ionenketten höchstens für Quantenregister mit 100 Qubits taugen. Thomas Monz von der Universität Innsbruck hingegen sieht die Ionenfallen-Technologie keineswegs in der Sackgasse. »Die Physik an und für sich zeigt uns keine Schranken auf. Scheitern können wir nur an unseren Ideen, unserem Können und dem Willen, den Quantencomputer zu realisieren«, sagt er. Für nichts davon sieht Monz Anzeichen unter seinen Forscherkollegen.

Eine Idee, die Skalierbarkeit zu verbessern, sind Mikrochips, die mehrere parallel angeordnete kleinere Quantenregister enthalten. Wie bei einer Rohrpostanlage reisen Ionen auf dem Chip umher und transportieren Informationen zwischen den Registern. Mikrochips, die Ionenfallen enthalten und auf denen Ionen bewegt werden können, wurden schon gefertigt, in Innsbruck[49] oder an der University of Michigan in Ann Arbor[50]. Zu Ende gesungen ist das Lied des Ionenfallen-Quantencomputers also noch nicht.

Auch der Photonenchip von Dirk Englund am MIT kämpft mit der Skalierbarkeit. Im Prinzip sei das System zwar skalierbar, meint Englund. Allerdings produziere der Chip noch zu viele Fehler, um ihn auf deutlich mehr Qubits zu vergrößern. Die Photonen gehen nicht immer den Weg, den sie gehen sollen, sondern nur in ca. 96 Prozent der Fälle. Diese Güte müsste aber bei über 99 Prozent liegen, damit der Chip skalierbar würde.

Das Rauschen des Waldes kontrollieren

Englund spricht einen entscheidenden Punkt an: dass der Computer nicht immer das tut, was er tun soll. Er macht Fehler. Zu viele Fehler. Noch. Das ist die zweite, vielleicht noch größere Hürde, mit der die gesamte Quantencomputer-Forschergemeinde kämpft. Die Physiker kriegen sie zwar langsam und stetig weiter unter Kontrolle, doch es bleibt offen, ob sie die Fehleranfälligkeit der Qubits je so weit beherrschen, dass ein brauchbarer Quantencomputer daraus resultiert. Das ist der Punkt, auf den Michel Dyakonov anspielt, wenn er meint, der Quantencomputer funktioniere nur in einer idealen Welt.

49 http://arxiv.org/abs/1402.0791
50 Stick, D. et al.: Nature Physics 2, 36–39 (2006), doi:10.1038/nphys171 (Ann Arbor)

Was heißt in diesem Zusammenhang eigentlich »Fehler«? Dazu muss ich ein klein wenig ausholen. Ohne die Verrücktheiten der Quantenwelt, d. h. ohne Superposition und Verschränkung, kann ein Quantencomputer nicht besser rechnen als irgendein Computer.

Für Quantenphysiker ist die Quantenwelt nicht verrückt, sondern die eigentliche Realität hinter den Dingen. Sie *erleben* sie in ihren Experimenten. Dass Otto Normalverbraucher sie als bizarr ansieht, liegt daran, dass er sie in seiner Alltagswelt eben nicht erlebt. Warum begegnet einem Schrödingers Katze nicht auf dem Trottoir? Warum sieht man nie *wirklich* eine Katze, die tot und gleichzeitig lebendig ist?

Damit die Katze in der Superposition dieser beiden Zustände existieren kann, darf keine Information über ihre »Lebendigkeit« an die Umgebung gelangen. Denn das wäre ja eine Messung, die uns Auskunft über den Zustand des Tieres gibt, und die würde die Superposition zerstören. Nun gibt es aber jede Menge beobachtbare Signale, die eine lebendige von einer toten Katze unterscheiden. Lebende Katzen senden z. B. Wärmestrahlung aus. Sie tauschen Gasmoleküle mit der Umwelt aus, mit anderen Worten: Sie atmen. Schrödingers Katze hat also klaffende Informationslecks, die einem Beobachter Aufschluss geben könnten. Dabei reicht schon das Wort »könnten«. Wie in Kapitel 3 anhand des Doppelspaltversuchs geschildert, muss die austretende Information nicht registriert werden, um die Superposition zu zerstören. Den Vorgang haben wir als Dekohärenz kennengelernt.

In der Natur passiert die Dekohärenz extrem rasant. Sie sei »einer der schnellsten und effizientesten Prozesse in der gesamten Physik«, schreibt der britische Physiker Jim Al-Khalili. Bei einem Staubpartikel dauert es den Milliardsten Teil einer Milliardstel Sekunde. Und diesen natürlichen Prozess gilt es in den Griff zu bekommen, denn die Dekohärenz erzeugt einen großen Teil der Fehler, die ein Quantencomputer macht. Das gleicht fast der Aufgabe, das Rauschen des Waldes bei Wind zum Schweigen zu bringen.

Nur indem man die Katze in eine luftdichte und wärmeisolierte Kiste steckt, sie also perfekt von der Umgebung abschirmt, kann sie gleichzeitig leben und tot sein. Das kann man mit einer echten Katze natürlich nicht machen.

Atome, Ionen und andere Träger von Qubits hingegen können durchaus für eine kurze Dauer in Superposition gehalten werden. Qubits lassen sich von der Umwelt isolieren. Durch Abkühlen knapp über dem absoluten Temperaturnullpunkt (-273 °C) verhindern Forscher, dass die Qubits etwas über sich preisgeben, indem sie Wärmestrahlung aussenden. Auch Stöße mit Luftmolekülen könnten einem Beobachter etwas über das Qubit sagen. Die Ablenkung des Luftmoleküls informiert über das Qubit, ähnlich wie die Ablenkung einer Billardkugel Rückschlüsse auf die Kugel zulässt, von der sie angestoßen wurde. Vakuumtechnik reduziert das auf ein Minimum.

Jörg Wrachtrup von der Uni Stuttgart schützt Qubits vor Dekohärenz, indem er sie in Diamanten einschließt. Der Physikochemiker Joris van Slageren, ebenfalls von der Uni Stuttgart, nutzt den Spin magnetischer Moleküle als Qubit. Die Kernspins von Nachbaratomen innerhalb des Moleküls stören die Superposition der Qubits. Van Slagerens Team hat 2014 eine Verbindung identifiziert, die nur wenige solcher Störenfriede besitzt, wodurch das Qubit wesentlich stabiler bleibt.

Dennoch geben Qubits noch Strahlung ab, stoßen mit Luftmolekülen – selbst das beste technisch herstellbare Vakuum enthält noch Zehntausende Moleküle pro Kubikzentimeter –, und selbst im harten Kristallgitter des Diamanten gibt es noch Schwingungen, die ein Qubit stören können. Kurz: Es gibt jede Menge Informationslecks, die aus den Qubits ordinäre Bits machen können wie aus Schrödingers Katze ganz schnell eine normale Katze wird.

Die Dekohärenz steht auch der Skalierung der Quantencomputer im Weg, da es für ein größeres Ensemble von Qubits freilich noch viel mehr Möglichkeiten gibt, Information mit der Umgebung auszutauschen. Die Dekohärenz schlägt also noch schneller zu. Ein großer Quantencomputer ist ein extrem empfindliches Soufflé, das beim leisesten Lufthauch zusammenfällt.

Um mit einem Quantencomputer etwas anfangen zu können, muss das Soufflé deutlich länger durchhalten als die Ausführung eines Quantengatters benötigt. Die Lebenszeit des Soufflés nennt man Kohärenzzeit.

Besonders lange überleben Qubits bislang nicht. Die Regel sind Kohärenzzeiten von einigen Millionstel bis Tausendstel Sekunden. Die Ausführung eines Quantengatters dauert etwa eine Zehntausendstel Sekunde. Viel Rechnen lässt sich da nicht.

Allerdings zeigen einsame Rekorde, welch hohes Maß an Kontrolle erfahrene Gruppen inzwischen erlangt haben. Der Kernspin eines Phosphor-Atoms speicherte Quanteninformation für eine halbe Minute, wie ein Team um Juha T. Muhonen von der University of New South Wales in Sydney berichtete.[51]

---

51 Muhonen, Juha et al.: Nature Nanotechnology 9, 986–991 (2014) doi:10.1038/nnano.2014.211

Zwei verschränkte Ionen erhielten ihre Kohärenz stolze 20 Sekunden lang aufrecht.[52] Beryllium-Ionen können in einem Magnetfeld bestimmte Zustände einnehmen, die wenig mit der Umwelt interagieren. Die Forscher aus Boulder (Colorado) nutzten diese Zustände als Qubits und stopften so Informationslecks. In der Innsbrucker Ionenfalle wiederum überlebte ein Zustand aus acht verschränkten Ionen immerhin 0,3 Sekunden lang. Das neue magnetische Molekül von Joris van Slageren verlängerte die Kohärenzzeit solcher Systeme von ein paar auf fast 70 Millionstel Sekunden. Und während molekulare Qubits zuvor nur bei extremen Minusgraden Kohärenz zeigten, funktioniert das Stuttgarter Molekül auch bei Zimmertemperatur.

»Die Kohärenzzeiten wachsen immer schneller an«, sagt David DiVincenco. Der Anstieg sei vergleichbar mit Moores Gesetz, meint der Physiker, der im Jahr 2000 fünf Kriterien für einen praxisrelevanten Quantencomputer definiert hat.

Alle fünf Anforderungen seien heute bereits *qualitativ* erfüllt, sagt DiVincenco. Es gebe sogar einige physikalische Verkörperungen von Qubits, die alle fünf Kriterien gleichzeitig erfüllten, sagt er, z. B. Ionenfallen, supraleitende Qubits oder Elektronen in Quantendots.

Projekt »Perfektionierung«

Doch das reiche noch nicht. Die Güte von Quantengattern und der Messungen, die das Resultat auslesen, müsse stark verbessert werden. Denn Gatter und Messungen sind neben der Dekohärenz die zweite Fehlerquelle, unter der Quantencomputer leiden. Die Gatter werden von fehleranfälligen Geräten gesteuert, z. B. mit Lasern. Weil die Frequenz des Laserlichts nie ganz konstant bleibt, sondern minimal fluktuiert, kann es zu Fehlern bei der Gatterausführung kommen.

Auch das Ansprechen einzelner Qubits funktioniert nicht perfekt. Obwohl der Laser einen sehr scharfen Fokus hat, streift er das benachbarte Qubit. »Dadurch verbreiten sich Fehler«, sagt Thomas Monz. Das sei ähnlich wie bei einem Geschworenengericht. Die Geschworenen dürfen offiziell nicht kommunizieren, tun es aber oft trotzdem, wodurch sich eine Meinung ausbreiten kann. Fehler verbreiten sich auch durch CNOT-Gatter: Wenn das kontrollierende Qubit statt »0« eine »1« enthält, wird das kontrollierte Qubit verändert, obwohl es nicht verändert werden sollte. Aus *einem* fehlerhaften Qubit sind *zwei* geworden.

52 http://arxiv.org/pdf/quant-ph/0504076v1.pdf

Ebenso sind die Messgeräte zum Auslesen der Ergebnisse nie zu 100 Prozent perfekt. Ein Lichtdetektor kann z. B. ein Photon übersehen oder eines messen, wo gar keines war.

Derzeit passieren zu viele Fehler für länger andauernde praxisrelevante Aufgaben. Es ist wie bei einem Schiff, das im Eismeer unterwegs ist und von Eisbergen ein Leck nach dem anderen geschlagen bekommt. Das Schiff geht sehr schnell unter.

Das klingt aussichtslos und lässt berechtigte Zweifel aufkommen, dass Quantencomputer je funktionieren werden. Doch eine »große Entdeckung« (DiVincenco) lässt die Forschung weiter hoffen. Demnach können Quantencomputer mit den Fehlern leben, solange die Zahl der Fehler, die pro Sekunde und pro Quantengatter anfallen, unter einer gewissen Schwelle bleibt. Der Clou daran: Das gilt unabhängig von der Größe des Quantencomputers. Dorit Aharonov (Princeton University) und Michael Ben-Or (Hebrew University, Jerusalem) fanden das durch theoretische Betrachtungen heraus.[53]

Bildlich gesprochen: Das Schiff im Eismeer kann sich über Wasser halten, wenn die Besatzung ausreichend viele Löcher stopfen kann, sodass wenige Lenzpumpen den Rest des eindringenden Wassers hinausschaffen können. Diese Grenze nennen Experten »Fehlertoleranzschwelle«.

Die Güte der Gatter und der Schutz vor Dekohärenz müssen also so weit verbessert werden (Löcher stopfen), dass eine automatische Fehlerkorrektur (Lenzpumpen) den Rest der Fehler korrigieren kann.

Der selbstheilende Quantencomputer

Auch klassische Computer, Festplatten oder Satellitenkommunikation würden ohne Fehlerkorrekturverfahren nicht funktionieren. Hollywood hat das Prinzip der digitalen Fehlerkorrektur im Science-Fiction-Streifen »Minority Report« zu Ehren kommen lassen. Drei »Precogs« sehen zukünftige Verbrechen, sodass die Täter präventiv verhaftet werden können (was ethisch freilich höchst fragwürdig ist). Falls einer der Precogs eine andere Version der Straftat sieht, den »Minority Report«, gilt die Fassung der anderen beiden.

---

53 http://arxiv.org/pdf/quant-ph/9906129v1.pdf

»Precrime« beugt also Irrtümern vor, indem es die Mehrheitsmeinung als Wahrheit nimmt. Ähnlich ist es im Computer: Ein Bit Information wird auf zwei weitere Bits kopiert. Sobald eines der Bits von den anderen beiden abweicht, wird es korrigiert. Denn es ist wahrscheinlicher, das der eine Abweichler falschliegt, als dass die beiden anderen gleichzeitig einem Fehler unterliegen.[54]

Eins zu eins übertragen lässt sich der Mehrheitsentscheid auf den Quantencomputer nicht. Denn wie wir aus Kapitel 3 wissen, können Qubits nicht kopiert werden. Ein Fehlerkorrekturverfahren kann dennoch funktionieren, wenn die Information über den Fehler verborgen bleibt, wenn also keine Messung stattfindet. In folgender Erklärung spielt Schrödingers Katze die Rolle des Qubits.

Anstatt die Information in einer Katze zu speichern, wird sie auf drei Katzen verteilt. Man verschränkt die drei Tiere so, dass bei einer Messung entweder alle drei tot oder alle drei lebendig wären. Wenn sich nun ein Fehler einschleicht, ändert sich das: Bei einer Messung würden eine Katze tot und zwei lebendig sein, oder umgekehrt: eine lebendig und zwei tot. Mit einer Sequenz aus CNOT-Gattern kann man nun abtasten, welche der drei Katzen aus der Reihe tanzt.

Das Ergebnis wird in zusätzlichen Qubits gespeichert. Das ist keine Messung, denn es fällt keine Entscheidung, ob die betreffende Katze tot oder lebendig ist. Nur dass sie nicht konform mit den anderen beiden geht, wird detektiert. Die Detailkenntnis ist unnötig, denn beide Fehlermöglichkeiten können durch die *gleiche* Sequenz aus CNOT-Gattern korrigiert werden. Mit diesem Verfahren lassen sich alle Fehlerarten berichtigen.

Im Labor umgesetzt haben das Verfahren bereits Innsbrucker Forscher an ihrer Ionenfalle sowie Stuttgarter Physiker an Qubits im Diamanten. Der Haken daran ist, dass jedem rechnenden Qubit mindestens vier Qubits allein für die Fehlerkorrektur zur Seite gestellt werden müssen. Praxistaugliche Quantencomputer werden also noch deutlich mehr Speicherkapazität brauchen als bislang angenommen.

Das oben angesprochene Wandern von Fehlern versuchen Forscher zu verhindern, indem sie die Qubits geometrisch so anordnen, dass sie möglichst wenige direkte Nachbarn haben. In Form von Honigwaben angeordnet hat jedes Qubit z. B. nur drei nächste Nachbarn, im Vergleich zu vier Nachbarn bei einer quadratischen Anordnung (Abb. 5.8).

---

54 Die Verwicklungen im Film resultieren aus einem ausnahmsweise korrekten «Minority Report«. Ich glaube, dass der Autor der literarischen Vorlage, Philip K. Dick, von Fehlerkorrekturverfahren der klassischen Computerei zu seiner Story inspiriert worden ist.

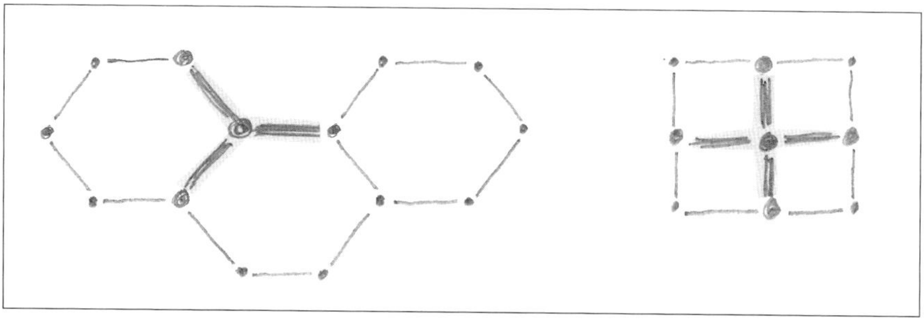

Abb. 5.8 In einer Honigwaben-Struktur besitzt jeder Eckpunkt (Qubit) nur drei direkte Nachbarn (dicke Linien in a), bei der quadratischen Anordnung hat er vier (b). Im ersteren Fall hat ein fehlerhaftes Qubit weniger Chancen, seine Umgebung zu infizieren.

Die Fehlertoleranzschwelle schätzen Experten auf unter 1 Prozent. Jedes Quantengatter darf also nur bei deutlich weniger als einer von hundert Operationen einen Fehler machen. Physiker um John Martinis von der University of California in Santa Barbara reklamierten 2014, sie hätten mit einem supraleitenden Quantenschaltkreis die Fehlertoleranzschwelle erreicht. Das stimmt zwar, aber nur für einen Schaltkreis mit zwei Qubits gelang eine Güte von über 99 Prozent. Ein Schaltkreis mit fünf Qubits erreichte nur eine Güte von rund 80 Prozent.

Kein Masterplan »Quantencomputer«

Insgesamt lässt sich feststellen, dass die Kontrolle über die Qubits immer besser gelingt und dass ein langsamer, aber stetiger Fortschritt unweigerlich auf den einen leistungsstarken Quantencomputer hinsteuert. Parallel dazu findet schon eine Miniaturisierung statt, indem Quantenforscher ihre Qubits auf Mikrochips unterbringen. Quantencomputer könnten also mit ähnlichen Techniken wie heutige Computerchips gefertigt werden. Beide Entwicklungen könnten mittelfristig zu einem Durchbruch führen. Die meisten Experten erwarten ihn in den kommenden 10 bis 20 Jahren.

Allerdings ähneln die bislang erzielten Erfolge Bausteinen, die so wenig zusammenpassen wie Puzzleteile aus verschiedenen Puzzles. Es fehlt noch eine klare Richtung, wohin die Reise gehen soll. Einen Masterplan »Quantencomputer« gibt es nicht. Meist ist das primäre Ziel der Forscher gar nicht ein solches Gerät. Sie wollen in erster Linie die Quantenphysik verstehen und betrachten ihre Versuche eher als Fragen an die Natur denn als zielgerichtete Technikentwicklung.

Skeptiker monieren darüber hinaus, das Konzept der Fehlertoleranzschwelle basiere auf falschen Annahmen. In seinem Aufsatz »How Quantum Computers Fail« (»Wie Quantencomputer versagen«) meint der israelische Mathematiker Gil Kalai, Fehler in einem Quantencomputer seien nicht unabhängig voneinander, wie es das Konzept voraussetzt. Er vergleicht dies mit Fehlern in der Wettervorhersage für eine bestimmte Region. Wenn Sonne vorhergesagt wird, tatsächlich aber Regen kommt, dann wird die Vorhersage für alle Orte etwa gleich falsch ausfallen. Es wird nicht an einem Ort das vorhergesagte Schönwetter herrschen, während es in allen anderen Städten regnet. Beim Quantencomputer seien Fehler an verschiedenen Qubits ähnlich korreliert und breiteten sich daher unkontrolliert aus. Glaubt man Kalai, wird das Schiff im Eismeer unweigerlich untergehen.

Scott Aaronson beschwert sich über die Negativität von Kalais oder Dyakonovs Einwänden. Von den Grundprinzipien der Physik ausgehend könnten die beiden nicht erklären, *warum* ein Quantencomputer nicht funktionieren sollte. Um seinem Ärger Ausdruck zu verleihen, hat er 10.000 Dollar für einen Beweis ausgelobt, dass ein Quantencomputer prinzipiell unmöglich ist. Der Mann ist sich offenbar ziemlich sicher, dass so ein Beweis sein Geld wert wäre. Denn er würde die Fundamente der Physik erschüttern. Das Ganze ist wohl eher ein Glaubensstreit. Letztlich wird die Zeit zeigen, wer recht hat.

Bizarre Visionen vom Superrechner

Eines ist indes jetzt schon sicher, an mangelnder visionärer Kraft, Kreativität und Phantasie der Forschergemeinde wird das Projekt Quantencomputer nicht scheitern. Zum Abschluss dieses Kapitels möchte ich drei teils sehr visionär und bizarr anmutende Konzepte vorstellen, die diesen Fakt illustrieren. Zwar widmen sich die meisten Forscher dem oben skizzierten Quantengatter-basierten Computer. Doch möglicherweise macht auch einer der drei hier vorgestellten alternativen Ansätze das Rennen.

1. Einweg-Quantencomputer

Sehr viele in Gitterform angeordnete Qubits werden vor der Rechnung miteinander verschränkt, etwa durch gegenseitige Stöße von Atomen. Diese kollektive Verschränkung stellt eine enorme Ressource für Quantenrechnungen dar. Das Gitter enthält praktisch alle Ergebnisse aller möglichen Rechnungen, kommt somit dem Bild der »Bibliothek von Babel« sehr nahe. Das Problem ist, das gesuchte Ergebnis herauszufiltern.

Dazu prägt man einen Quantenschaltkreis in das Gitter ein wie ein Muster. Genauer gesagt, misst man ein Qubit nach dem anderen, wobei das Muster der gemessenen Qubits dem Schaltkreis entspricht. Durch die Verschränkung hängen die Messergebnisse voneinander ab, d. h., Information wird verarbeitet. Die letzten gemessenen Qubits enthalten das Ergebnis. Danach ist die Ressource verbraucht, daher »Einweg«-Quantencomputer.

Das Gitter fungiert als Trägermaterial, in das sich alle nur denkbaren Schaltkreise einprägen lassen, ähnlich wie man sie auf ein Blatt Papier zeichnen könnte.

Das macht diesen Ansatz sehr flexibel. Er gilt auch als gut skalierbar, da der Aufwand zur Verschränkung unabhängig von der Größe des Gitters ist. Auch der Kontrollaufwand gilt als geringer als beim Quantengatter-Konzept, da man nur Messungen machen muss und keine subtilen Manipulationen an den Qubits. Man muss deshalb auch keine weit auseinanderliegenden Qubits in Wechselwirkung bringen.

Experimentell umgesetzt wurde der Einweg-Quantencomputer bislang nur in kleinem Maßstab, d. h. mit einer Handvoll Qubits. Es gelang z. B. einem Team um Mark Tame von der University of KwaZulu-Natal in Durban, Südafrika. Sie haben dazu fünf Photonen miteinander verschränkt und prägten einen Schaltkreis in ihren Einweg-Computer, der dem Shor-Algorithmus zugrunde liegt.

2. Topologischer Quantencomputer

Zöpfe sind eine stabile Angelegenheit: Um sie in Einzelfäden zu zerlegen, muss man den Flechtvorgang umgekehrt ausführen. Die Idee des topologischen Quantenrechnens will eine spezielle Art von Zöpfen als Qubits nutzen. Diese wären stabiler als herkömmliche Qubits, sprich durch Umwelteinflüsse, etwa Stöße mit Luftpartikeln, bei Weitem nicht so leicht zu beeindrucken. Der Dekohärenz wäre viel von ihrem Schrecken genommen. Das Adjektiv »topologisch« rührt daher, dass die Wicklungen der Zöpfe von einer mathematischen Subdisziplin namens »Topologie« beschrieben werden.

Was sind das nun für ominöse Zöpfe? Es sind Bahnen einer exotischen Teilchenart in Raum und Zeit, auf Englisch »Braids« genannt. Die Teilchen nennt man Anyonen. Sie sind keine Teilchen im herkömmlichen Sinn. Sie existieren nicht unabhängig, sondern innerhalb bestimmter Festkörper. Diese sind in ihrem Innern isolierend, an ihren Oberflächen allerdings leitend. In dieser 2-dimensionalen Oberflächenschicht existieren die Anyonen.

Theoretisch konnte gezeigt werden, dass die Rechenpower eines topologischen Quantencomputers genauso groß wäre wie die eines »normalen« Quantencomputers.

Es hapert aber noch mit der Umsetzung. Zwar gibt es Materialien, in denen Anyonen vorkommen. Doch für den Quantencomputer bräuchte man eine bestimmte Art von Anyonen, für deren Existenz es bislang nur Hinweise gibt.

Trotz solcher Unwägbarkeiten investiert Microsoft in die Erforschung dieser Technologie: In seiner Forschungseinheit »Station Q« beschäftigt sich der weltgrößte Softwareproduzent seit neun Jahren damit.

3. Zeitreisende Qubits

Das Brechen des RSA-Codes wäre auch für ein Tablet kein Problem, wenn es in eine Zeitschleife geschickt werden könnte. Es würde eine Stunde rechnen, dann eine Stunde in der Zeit zurückgehen, wieder eine Stunde rechnen etc. Nach, sagen wir, fünf Milliarden Zyklen hätte es das Ergebnis und könnte es am Endpunkt der Zeitschleife ausspucken, also zum gleichen Zeitpunkt, an dem die Rechnung startete.

Unmöglich?

Nicht unbedingt. Einsteins Allgemeine Relativitätstheorie erlaubt so genannte »geschlossene zeitartige Kurven«, vulgo: Zeitschleifen. Doch das skizzierte Vorhaben tappt in eine logische Falle: das Großvaterparadox. Ein Zeitreisender, der in der Vergangenheit seinen Großvater tötet, würde nie geboren und könnte seine Zeitreise nicht antreten und seinen Großvater töten. Das Großvaterparadox gilt auch für zeitreisende Bits in einem Computer, wenn man das Ergebnis einer Informationsverarbeitung als Nachkomme der Eingabe betrachtet. Die Verletzung der Folgerichtigkeit macht die Sache leider unmöglich.

In der Welt der Quanten hingegen sieht es anders aus. Dort gibt es keine Gewissheiten, ein Ereignis tritt nur mit einer bestimmten Wahrscheinlichkeit ein. Angenommen, der Zeitreisende wird mit einer Wahrscheinlichkeit von 50 Prozent geboren. Falls er geboren wird, reist er in der Zeit zurück und tötet seinen Großvater. Die Wahrscheinlichkeit, dass er die Zeitreise unternimmt und den Mord ausführt, beträgt also 50 Prozent. Deshalb ist die Wahrscheinlichkeit, dass er geboren, wird 50 Prozent. Das ist ein Zyklus ohne Paradox! Qubits könnten demnach den oben skizzierten Zyklus durchlaufen.

Allerdings wurden Zeitschleifen noch nie beobachtet. Manche Physiker glauben, sie seien unmöglich.

Es gibt aber noch eine andere Variante der Zeitschleife. Laut Seth Lloyd vom MIT ist es möglich, nach der Teleportation eines Teilchens den quantenmechanischen Zustand festzulegen, mit dem es gestartet ist. Im Endeffekt reist der Zustand, sprich die Information darüber, in die Vergangenheit. Ebenso ließe sich ein Qubit per Teleportation in die Vergangenheit schicken. Lloyds Team hat im Labor eine Situation nachgestellt, bei der ein Paar verschränkte Photonen als »Großvater« und »Enkel« fungieren. Der »Enkel« reiste einige Milliardstel Sekunden in der Zeit zurück, um seinen »Großvater« zu »töten«.

Zeitreisende Qubits würden einen Quantencomputer wesentlich rechenmächtiger machen als man es für »herkömmliche« Quantencomputer annimmt. Selbst die komplexesten Aufgaben wären damit lösbar. Es würde definitiv eine ganz neue Ära der Informationsverarbeitung beginnen.

Dieses Kapitel sollte ein Gefühl dafür geben, wie ein Quantencomputer funktioniert und wie schwer es ist, einen zu bauen. Es bedarf Tausender Babysteps, um sich ihm zu nähern. Der Fortschritt lässt sich nicht messen wie der Rheinpegel in Köln. Doch arbeiten weltweit Forscher mit hoher Intensität an den vielen Problemen auf dem Weg zu dieser neuen Art von Computer und haben dabei bereits ein so hohes Maß an Kontrolle über die Quantenwelt erlangt, dass es fast so scheint, als warte der Quantencomputer gerade um die Ecke. Dieser durchaus vertretenen Meinung möchte ich mich nicht anschließen. Ich halte die Schätzung der Mehrzahl der Experten für realistisch, dass es im nächsten oder übernächsten Jahrzehnt so weit sein wird.

Die meisten von uns könnten also noch erleben, wie der Quantencomputer die Welt verändert. Oder auch nicht so sehr. Das wird davon abhängen, wie mächtig diese Maschine wirklich sein wird. Darüber gibt das nächste Kapitel Aufschluss.

6 Codeknacken, superschnelle Datensuche und sicheres Cloud-Computing

Werden Quantencomputer einmal allgegenwärtige Superrechner sein oder ein Nischenprodukt für einige Spezialanwendungen?

»Die Technik zog sich Siebenmeilenstiefel an.
Das Bewusstsein hat normale Schrittlänge.«
Heinrich Wiesner, Schweizer Schriftsteller

Düsterer als das Magazin »Focus« kann man die Bedrohung »Quantencomputer« wohl kaum zeichnen: »US-Monsterrechner droht, die Welt ins Chaos zu stürzen«,[55] überschrieb das Blatt einen Artikel über die Absicht der NSA, einen Quantenrechner zu bauen. Himmelhoch jauchzend geht es aber auch, indem Journalisten, wie oft geschehen, vom »Wunderrechner« schreiben. In jedem Fall rückt mancher Journalist rechnende Quanten in die Nähe einer wahlweise zerstörerischen oder konstruktiven Allmacht.

Es geht aber auch in die andere Richtung. Mit Blick auf den bislang enttäuschenden Quantenrechner der Firma D-Wave-Systems ist oft von einem »Flop« die Rede.

Na, was denn nun? Kann einem denn niemand sagen, ob diese Art von Rechner die Welt umkrempeln oder eine Laborkuriosität bleiben wird? Genau das will ich in diesem Kapitel versuchen. Es wird sich zeigen, dass Vieles auf eine Art Quantencloud hindeutet, die nächste Generation des Internets gewissermaßen.

Es lässt sich bemäkeln, dass 20 Jahre nach den Entdeckungen des Shor- und des Grover-Algorithmus trotz intensiver Forschung keine weiteren »Partituren« für das Quantenorchester von vergleichbarer Schlagkraft

55 http://www.focus.de/wissen/experten/schmeh/quantencomputer-der-nsa-quanten-computer-koennten-die-welt-ins-chaos-stuerzen-3_id_3522157.html

komponiert wurden. Dies könnte ein Indiz dafür sein, dass die Grenzen des Quantencomputers sehr eng gesteckt sind. Doch Peter Shor selbst ist anderer Meinung, wie wir noch sehen werden.

Um einen »Wunderrechner« zu erfinden, muss man sich jedenfalls gewaltig ins Zeug legen, denn die Konkurrenz durch den klassischen Computer ist enorm. Das Konzept des Von-Neumann-Rechners kann im Prinzip alles, was *irgendeine Art von Computer* kann. Er ist eine Universalmaschine. Nichts würde heute mehr ohne Mikrochips funktionieren, sie finden sich fast überall: auf jedem Büroschreibtisch, in jedem Smartphone, in jedem MP3-Player, in Waschmaschinen, Autos und sogar Kühlschränken. Wir sind umzingelt von Computern. Überall steckt die gleiche Art von Rechner drin. Das ist mit universell gemeint: Die Computer sind äußerst vielseitig. Das macht sie einzigartig unter den Maschinen. Oder haben sie schon mal eine Waschmaschine gesehen, die Staub saugt?

»Universell« bedeutet allerdings nicht, dass der klassische Rechner *alles* berechnen kann, er hat seine Grenzen, wie schon Alan Turing in den 1930er Jahren bewies. Der britische Mathematiker fragte sich, was sich überhaupt berechnen lässt und was nicht. Vor dem so genannten Halteproblem muss jeder Computer kapitulieren, zeigte Turing. Demnach gibt es kein Computerprogramm, das ein anderes Programm daraufhin testet, ob dieses endlich oder unendlich lange braucht, bis es ein Ergebnis ausspuckt. Was akademisch klingt, begegnet vielen Menschen tagtäglich: abstürzende Software. Die Entwickler haben kein Testprogramm, das ihnen vorab sagt, ob neu entwickelte Software aufgrund eines Programmierfehlers in eine Endlosschleife geraten kann oder nicht. Das müssen die Nutzer leidvoll in der Praxis testen.

Einen Quantencomputer als »Wunderrechner« zu bezeichnen ist insofern irreführend, als er die gleichen Grenzen hat wie ein klassischer Computer. Zumindest, was die Art von Problemen angeht, die er lösen kann. Denn er ist eben auch nur ein Computer und kann nicht mehr können als eine universelle Maschine. Auch er wird am Halteproblem scheitern. Wer auf künftige Absturzsicherheit hofft, ist hiermit schon mal enttäuscht.

Es gibt allerdings Aufgaben, die normale Rechner zwar in einer endlich langen Zeitspanne *lösen* können, die aber *unakzeptabel* lange ist. Fünf Milliarden Jahre sind eben auch eine »endliche Zeitspanne«. Dies sind jene Probleme, die exponentiell mit ihrer Größe wachsen. Beispiele dafür haben wir schon kennengelernt. Das Problem des Handlungsreisenden vervielfacht seine Komplexität mit jeder hinzukommenden Stadt. Und eine Zahl in ihre

Primfaktoren zu zerlegen (was der RSA-Verschlüsselung zugrunde liegt) wird mit jeder zusätzlichen Dezimalstelle der Zahl um etwa den Faktor zehn zeitaufwendiger.

Um dieses Problems Herr zu werden, müsste man einen klassischen Rechner im gleichen Maß ausbauen, wofür man letztlich ganze Kontinente mit Prozessoren bedecken müsste. Diese Art von Problemen sind also für klassische Rechner nicht handhabbar.

Der Quantencomputer unterscheidet sich wohltuend: Fügt man ein Qubit zu einem Quantenregister hinzu, passiert etwas Ähnliches wie beim Hinzufügen einer Stadt zum Problem des Handlungsreisenden: Die Zahl der parallel gespeicherten Werte verdoppelt sich! Die Rechenkapazität wächst somit genauso schnell wie die Komplexität des Problems, nämlich exponentiell. Der Quantencomputer sollte daher die hoch komplexen Aufgaben auch dann noch in wenigen Schritten lösen können, wenn ein normaler Rechner dafür Jahrtausende oder länger bräuchte.

So keimte nach Peter Shors Coup im Jahr 1994 die Hoffnung, der Quantencomputer würde *alle* diese aufsässigen Probleme handstreichartig niederstrecken. »Diese Hoffnung hielt ungefähr sechs Monate an«, sagt Seth Lloyd vom MIT. Inzwischen ist Ernüchterung eingetreten.

Der Quantencomputer rechnet nicht *pauschal* schneller als ein normaler Rechner. »In der öffentlichen Wahrnehmung herrscht ein großes Missverständnis«, meint Scott Aaronson, der das Potenzial und die Grenzen von Quantencomputern erforscht. »Die Leute denken, dieser Rechner gehe durch eine Überlagerung aller möglichen Antworten und irgendwie schreie die korrekte Antwort laut über alle anderen hinweg, um sich bemerkbar zu machen«, sagt der Informatiker.

Im letzten Kapitel haben wir aber gelernt, dass vielmehr eine Orchestrierung nötig ist, um die richtige Antwort herauszufiltern. In Aaronsons Worten: »Die Antworten werden im Quantencomputer in Form von Wellen dargestellt und Wellen können sich gegenseitig auslöschen oder verstärken«, erklärt er. »Die Kunst ist, die Interferenz so zu steuern, dass sich die Wege, die zu den falschen Antworten führen, gegenseitig auslöschen und am Ende nur der Weg zur richtigen Antwort übrig bleibt.«

Ob das gelingt oder nicht, hängt von der Art des Problems ab. Es gibt sozusagen wohlorganisierte Profiorchester, bei denen sich der Dirigent leicht tut, den Musikern eine berührende Interpretation von Beethoven oder Tschaikowski zu entlocken. Das sind die für Quantencomputer lösbaren Aufgaben. Andererseits existieren Probleme, die eher einem frisch zusammengewürfelten Schülerorchester gleichen, dem auch ein Daniel Barenboim keine sonderlich wohlklingende Symphonie entlocken könnte.

Klingt abstrakt? O. K., sehen wir uns ein paar Beispiele für solche Orchestrierungen an. Fangen wir mit dem Grover-Algorithmus an, der in Datenbanken sucht.

Shiva und der Hütchenspieler

Stellen Sie sich vor, Ihr Smartphone zeigt Ihnen die unbekannte Nummer eines entgangenen Anrufs. Sie würden gerne wissen, wer da angerufen hat. Google schweigt sich aber darüber aus. Es bleibt nur das Telefonbuch. Wenn es sich um eine, sagen wir, Münchner Nummer handelt, haben Sie einen echten Scheißjob vor sich.

Denn eine bessere Methode, als Eintrag für Eintrag zu prüfen, gibt es nicht. Was dumm ist, wenn man sich entscheidet, von A bis Z Nummer für Nummer zu prüfen und sich schließlich herausstellt, dass die Person »Zwenger« heißt. Dann hat man eine Million Nummern gecheckt! Nur selten wird der Suchende dieses Pech haben, aber durchschnittlich fallen bei dieser mühseligen Methode immerhin 500.000 Prüfungen an.

Ein Quantencomputer hingegen würde, zumindest theoretisch, mit 1000 Rechenschritten auskommen, also 500 Mal weniger. Je größer die Datenbank ist, desto gewaltiger wird auch der Unterschied zwischen der Quantensuchmethode und dem herkömmlichen Abklappern. Bei zehn Milliarden Einträgen müsste ein klassischer Rechner im Schnitt fünf Milliarden davon prüfen, während ein Quantencomputer mit 100.000 Rechenschritten auskäme. Hier ist das Missverhältnis schon 50.000 : 1. Allgemeingültig ausgedrückt: Die Zahl der Anfragen steigt mit der klassischen Methode proportional zur Anzahl der Datenbankeinträge, mit dem Quantencomputer nur proportional zur Quadratwurzel dieser Anzahl.

Dass eine Google-Anfrage trotz riesiger Datenmengen nur Bruchteile von Sekunden dauert, liegt allerdings nicht etwa daran, dass im kalifornischen Mountainview schon Quantenserver stünden. Vielmehr gibt es ein mächtiges Hilfsmittel, um mit klassischen Suchmethoden schnell fündig zu werden: Der so genannte Index. In unserem Szenario würde ein Index die Telefonnummern *in sortierter Reihenfolge* enthalten, sodass der Computer die Nummer schnell findet. Neben der Nummer stünde ein Verweis auf den Namen »Zwenger«. Der Datenbankindex ähnelt dem Schlagwortregister am Ende eines Buches.

Die Erstellung eines Index nimmt also bestimmte Suchanfragen vorweg, der Aufwand wird vorverlagert. Google liefert so fix, weil es schon zuvor Ressourcen in den Aufbau von Indizes gesteckt hat. Internet-Suchmaschinen erstellen laufend Indizes und verbrauchen damit immer mehr Energie und Speicherplatz.

Je mehr die Datenflut zu einem gewaltigen Datentsunami anwächst, desto wünschenswerter wäre ein Computer, der auch in *unsortierten* Datenbanken schnell fündig wird, also ohne aufwendig erzeugte Indizes auskommt. Wie massiv die Datenberge anschwellen, sei hier nur anhand des größten Teilchenbeschleunigers der Welt, des Large Hadron Collider am europäischen Kernforschungszentrums CERN bei Genf, veranschaulicht. Dieser produziert jedes Jahr 15 Millionen Gigabytes an Messdaten, womit man mehrere Hunderttausend DVDs füllen könnte. Forscher durchsuchen die Daten nach hypothetischen und, falls existent, extrem seltenen Auffälligkeiten, sie fahnden nach Abweichungen von der Regel, die auf neue Physik jenseits der Grenzen der bekannten Naturgesetze hinweisen.

Mit jeder neuen Datenquelle, jedem neuen Heuhaufen in der Welt, mit jeder darin versteckten Nadel wächst das Bedürfnis nach schnellen Suchmöglichkeiten.

Kann ein Quantencomputer die gewünschte Blitz-Suchmaschine liefern? Wir wissen: Er verarbeitet alle Lösungsmöglichkeiten parallel. Übertragen auf die Namenssuche: Er kann das Suchkriterium, die Telefonnummer, simultan mit allen Einträgen vergleichen. Der Quantenrechner ähnelt ein wenig dem hinduistischen Gott Shiva mit seinen vielen Armen. Stellen wir uns vor, dass Shiva mit jedem seiner Arme in einer anderen Parallelwelt hantiert. Er könnte damit z. B. einen Hütchenspieler überlisten, indem er simultan unter alle drei Hütchen guckt. Doch jemandem, der sich Shiva zu Diensten machen will, bringt das nichts, solange der Gott ihm nicht mitteilt, unter welchem Hütchen die Nuss denn nun liegt.

Ein Quantencomputer ist ähnlich schweigsam. Das Quantenregister enthält zwar jede Menge Information, nämlich mit welchen Wahrscheinlichkeiten bei einer Messung welcher der vielen gespeicherten Werte herauskommt. Aber man kann eben immer nur *einen* dieser Werte auslesen, wobei die Information über die Wahrscheinlichkeit der anderen Messwerte verlorengeht.

Was fängt man aber mit einem Rechner an, der zwar »weiß«, unter welchem Hütchen das Ergebnis steckt, beim Messen aber *irgendein* Hütchen aufdeckt?

Man muss sich etwas einfallen lassen, um auf Anhieb das richtige Hütchen zu raten. Der indisch-amerikanische Physiker Lov Grover entwickelte

1996 an den Bell Labs in Murray Hill einen Algorithmus dafür, eben den Grover-Algorithmus. Dieser zeigt auf einfache Weise, wie Quantencomputer einmal arbeiten sollen. Deshalb sehen wir uns das mal genauer an.

Stellen Sie sich ein Quantenregister mit zwei Qubits vor. Es speichert vier Werte, die zur Kennzeichnung die laufenden Nummern 1 bis 4 erhalten.

Auf das Register wendet man das Hadamard-Gatter an, sodass eine Superposition der vier Werte entsteht, bei dem jeder Wert mit gleicher Wahrscheinlichkeit gemessen wird, was in Abb.6.1a als gleich lange Striche dargestellt ist. Würde man jetzt eine Messung machen, käme mit je gleicher Wahrscheinlichkeit einer der vier Werte heraus.

Das Ziel von Grovers Algorithmus ist es, die Messwahrscheinlichkeit für den richtigen Wert zu vergrößern und die aller anderen möglichst auf null zu reduzieren. Dann wird beim Auslesen der richtige Wert angezeigt.

Den gesuchten Wert findet man mit einem Suchfilter. Stellen wir uns diesen als eine Black Box vor, die den Wert »- 1« liefert, wenn sie den gesuchten Eintrag prüft, und bei falschen Einträgen den Wert »1«. Das verändert die Superposition wie in Abb. 6.1b dargestellt (auf 4 Qubits beschränkt). Der Witz ist, dass der Suchfilter alle vier Einträge gleichzeitig prüft, da diese in der Superposition ja parallel existieren. Es ist wie mit Shiva und dem Hütchenspieler.

Der richtige Eintrag, angenommen es ist der zweite, wird mit »-1« multipliziert, während alle anderen unangetastet bleiben. Allerdings ist damit noch nichts gewonnen. Denn der Suchfilter hat nur die Phase der Wahrscheinlichkeitswelle des Eintrags »2« geändert. Das vergrößert nicht die Wahrscheinlichkeit, ihn zu messen. Es ist vergleichbar mit einer Drehung des Pfeils in der Blochkugel aus Abb. 3.7 entlang deren Äquator. Eine solche Phasendrehung ändert nichts daran, dass bei einer Messung mit je 50 Prozent Wahrscheinlichkeit eine »1« bzw. eine »0« gemessen wird.

Doch Grover fand eine Operation, die auf einem Quantenregister durchführbar ist und das Problem im Handumdrehen löst: nämlich die einzelnen Amplituden am Mittelwert aller zu spiegeln. Auch dies ist graphisch dargestellt (6.2.c). Die Spiegelung führt dazu, dass die Amplitude des Eintrags Nummer 2 auf den Wert 1 erhöht und die der anderen Einträge auf den Wert 0 reduziert wird. Wenn jetzt gemessen wird, lautet das Ergebnis *mit Sicherheit* »2«. Bingo!

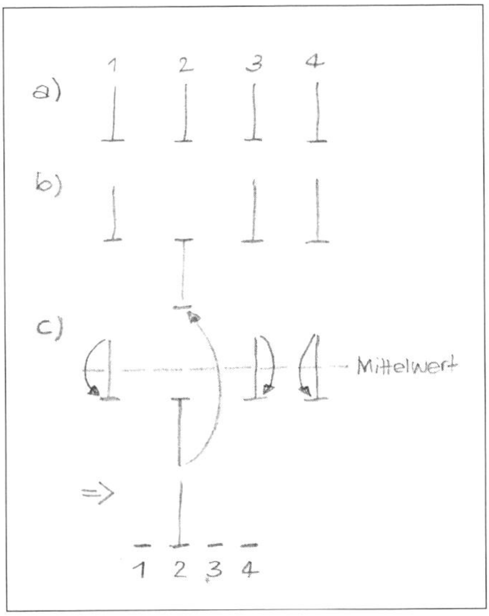

Abb. 6.1 Graphische Darstellung des Grover-Algorithmus.

a: Am Anfang haben alle Einträge die gleiche Wahrscheinlichkeit.

b: Drehen der Phase des gesuchten Eintrags.

c: Spiegeln der Amplituden am Mittelwert aller vier Amplituden.

In zwei Schritten kommt der Quantencomputer zu einem Ergebnis. Was bei vier Einträgen allerdings auch klassisch gelingt. Erst bei deutlich mehr Datenbankeinträgen zeigt der Grover-Algorithmus seinen Geschwindigkeitsvorteil. Allerdings reichen zwei Operationen dann nicht mehr. Denn nach dem Drehen des richtigen Eintrags weicht der Mittelwert umso weniger von den Amplituden der restlichen Einträge ab, je mehr Einträge es gibt. Das Spiegeln am Mittelwert reduziert deren Amplituden also kaum, sodass sehr wahrscheinlich ein falscher Eintrag gemessen wird.

Wird die Prozedur aus Drehen und Spiegeln aber mehrmals wiederholt, schrumpfen die Amplituden der falschen Einträge bei jedem Schritt und die des richtigen wächst entsprechend, bis es praktisch sicher ist, das richtige Ergebnis zu messen. Eine einfache Rechnung zeigt, dass die Anzahl der nötigen Wiederholungen der Wurzel aus der Anzahl der Einträge entspricht.

Auch der Quantencomputer kommt also nicht in einem Schritt zum Ergebnis. Man muss die Wahrscheinlichkeitswellen in seinem Innern so geschickt überlagern, dass die der falschen Ergebnisse ausgelöscht werden und die der richtigen verstärkt. Dafür muss eine gewisse Anzahl von Operationen ausgeführt werden.

Harmonien im Universum der Zahlen

Als zweites Beispiel betrachten wir Shors Algorithmus, bei dem die besondere Rolle der Verschränkung auf faszinierende Weise zutage tritt. Der Job lautet: Finde die Primfaktoren einer großen Zahl, also jene Teiler dieser Zahl, die sich nicht weiter zerlegen lassen. In Artikeln steht oft, Shors Verfahren probiere alle möglichen Teiler parallel aus. Das ist das Missverständnis, das Scott Aaronson anprangert. Der Quantencomputer kann das genauso wenig wie ein Dirigent es schaffen würde, die kreischenden Möwen an einer Steilküste dazu zu bringen, Beethovens Neunte zu trällern. Vielmehr hat das Faktorisierungsproblem eine schwache Flanke, die ein Quantencomputer ausnutzen kann.

Die folgende Erklärung mag manchem Leser etwas zu zahlenlastig sein (Formeln kommen aber nicht vor!). Wer es nicht ganz so genau wissen möchte, kann zum Kasten »Der Wanderer und Quanten-Reinhold« springen, wo das Ganze in Form einer Geschichte dargestellt ist, wenn auch etwas ungenauer.

Das Finden der Teiler ist nämlich gleichbedeutend mit dem Finden von Wiederholungen in einer Zahlenfolge. Als Beispiel betrachten wir eine Folge, bei der jede Zahl das Doppelte ihres Vorgängers ist.

2, 4, 8, 16, 32, 64, 128 etc.

Nun teilen wir jede dieser Zahlen durch 15 und sehen uns jeweils den Rest dieser Division an. Die Reste ergeben ebenfalls eine Folge:

2, 4, 8, 1, 2, 4, 8, 1, 2, 4, ...

Wir sehen: Nach vier Zahlen wiederholt sich diese Folge. Machen wir das gleiche mit 21 als Teiler, ergibt sich eine Periode von sechs Zahlen:

2, 4, 8, 16, 11, 1, 2, 4, 8, 16, ...

Der Witz an dieser Übung ist: Aus der Länge einer Wiederholung lernt man etwas über die Primfaktoren der Zahlen 15 bzw. 21. Auf die gleiche Weise erlangt man auch Wissen über die Primfaktoren sehr viel größerer Zahlen. Die Wiederholungen können dabei allerdings fast so lang werden wie die Zahl selbst. Einen normalen Computer überfordert das, denn er müsste mehr Divisionsreste ausrechnen als es Partikel im All gibt. Er müsste quasi wie zuvor schon bei der Datenbanksuche eine Zahl nach der anderen abklappern, bis er feststellt, wo die Folge sich wiederholt.

Hätten wir aber einen Quantencomputer: Ha! Dann sähe die Welt völlig anders aus. Angenommen, wir wollen eine Bank knacken oder digitale Signaturen fälschen. Dazu müssen wir eine 600-stellige Zahl faktorisieren, nennen wir sie *N*.

Alles, was wir brauchen, sind zwei Quantenregister, von denen jedes *N* Werte speichert. Dafür braucht man insgesamt etwa 1000 Qubits, die Sache bleibt also übersichtlich. Das eine Quantenregister speichert einfach die laufenden Nummern von 1 bis *N*. Aus diesen Werten lassen sich nach dem oben skizzierten Rezept eine Zahlenfolge und daraus die Folge der Divisionsreste berechnen. Der Quantencomputer macht das parallel mit allen Werten und schreibt die Ergebnisse in das zweite Register.

Und jetzt kommt der Witz. Die Ergebnisse der Berechnung sind mit ihren Ausgangswerten im ersten Quantenregister verschränkt. Sie merken sich sozusagen ihre Herkunft, ihre Eltern, wenn man so will. Der Trick ist nun, das zweite Quantenregister zu messen. Dabei kommt *irgendeiner* der Reste heraus, was natürlich überhaupt nichts aussagt. ABER: Wegen der Verschränkung geschieht gleichzeitig auch etwas mit dem ersten Register. Angenommen der gemessene Wert ist *X*. Wegen der Wiederholungen tritt *X* mehrmals im zweiten Register auf. Also hat *X* mehrere Eltern. Die Messung löscht nun die Amplituden aller Werte im ersten Register, bis auf die der Eltern von *X*.

Die gesuchte Periode ist nun also im ersten Register enthalten, nämlich als Differenz zwischen den übrig gebliebenen Werten. DieseDifferenz lässt sich durch weitere Manipulationen und eine Messung am ersten Register gewinnen.

Der Shor-Algorithmus arbeitet sehr effizient. Im »Handumdrehen«, wie es oft heißt, wird aber auch ein Quantencomputer nicht die Primfaktoren einer großen Zahl finden. Die Frage ist letztlich, wie stark wächst die Zeit, die er dafür braucht, mit der Größe der Zahl, die es zu zerlegen gilt. Die Sicherheit von RSA basiert darauf, dass man dem Fortschritt der Computertechnik leicht vorauseilen kann, indem man diese Zahl vergrößert. Der Igel wird immer schon längst da gewesen sein, wo der Hase gerade ankommt. Beim Quantencomputer wächst die Rechenzeit aber *nicht* exponentiell. Das bedeutet, dass eine Vergrößerung der Zahl zwar auch für den Quantencomputer mehr Rechenzeit bedeuten würde. Aber sie würde nicht so stark ins Kraut schießen, dass ein Angreifer sie nicht abwarten könnte.

Der Wanderer und Quanten-Reinhold

Ein fauler und sadistischer Landvermesser gibt einem Wanderer und einer Quanten-Version von Reinhold Messner folgende Aufgabe: Geht über diese Berglandschaft und sagt mir, wie weit die Gipfel auseinanderliegen. Außer einem Funkgerät, mit dem ihr mir das Ergebnis meldet, und einem Höhenmesser dürft ihr keine technischen Hilfsmittel verwenden!

Der Wanderer macht sich auf den Weg. Ihm ist klar, dass er keine andere Möglichkeit hat, als von Gipfel zu Gipfel zu wandern und die Schritte dazwischen zu zählen. Mit dem Höhenmesser stellt er fest, wann er jeweils den höchsten Punkt erreicht hat.

Nach gut einer Stunde kommt er am ersten Gipfel an. Er macht nur ein Wurstbrot lang Pause, stapft weiter und fängt mit dem Schrittezählen an. Bei Schritt Nummer 28644, nach weiteren drei Stunden, kommt er am zweiten Gipfel an. Zuvor hat er seine Schrittlänge gemessen, sie beträgt 50 Zentimeter. Völlig erledigt greift er zum Funkgerät und meldet dem Vermesser: »Die Gipfel liegen 28.644 Schritte auseinander, das sind 14 Kilometer und 322 Meter.«

Nun ist Quanten-Reinhold dran. Er greift den Höhenmesser und steht auf. »Willst du keinen Proviant mitnehmen, es ist ein langer Weg«, sagt der Aufgabensteller sarkastisch. »Ach was, brauch ich nicht!«, entgegnet Quanten-Reinhold. »Und das Funkgerät?« Quanten-Reinhold winkt mit einem spöttischen Lächeln im Gesicht ab.

Er macht den ersten Schritt in Richtung des ersten Gipfels. Aber was passiert da bloß? Der Landvermesser reibt sich die Augen. Quanten-Reinhold hat den ersten Schritt noch nicht auf den Boden gesetzt, da erscheint eine kilometerlange Kolonne von identischen Kopien Quanten-Reinholds, die sich auf den ersten Gipfel zieht. In der Ferne erkennt der Aufgabensteller vage, dass sich die Kolonne weiter durch das nächste Tal und zum zweiten Gipfel erstreckt.

Fast im gleichen Moment drehen sich die Quanten-Reinholds um und melden unisono, mit einem etwas überheblichen Grinsen: »14 Kilometer und 322 Meter.«

»Wie hast du … äh, ich meine, wie habt ihr das gemacht?«, fragt der Landvermesser. »Na, wie wohl«, antworten die Quanten-Reinholds. »Wir haben eine Höhenmessung vorgenommen. Dabei sind zufällig 250 Meter herausgekommen. Drei von uns stehen auf genau dieser Höhe. Weil wir miteinander verschränkt sind, kennen wir die Positionen der drei in unserer Kolonne. Sie sind jeweils 28.644 Schritte bzw. 14 Kilometer und 322 Meter voneinander entfernt. Da die Landschaft regelmäßig geformt ist, entspricht dies dem Abstand der Gipfel.«

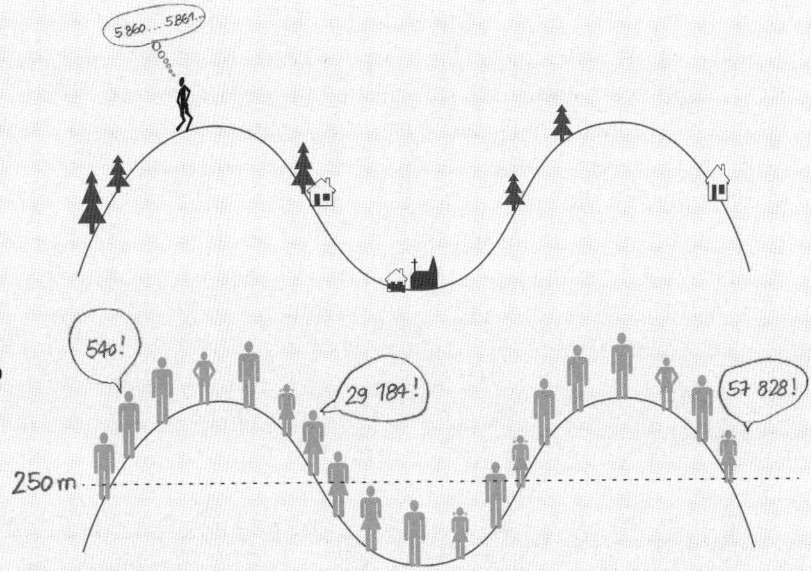

Abb. 6.2 a: Der Wanderer zählt die Schritte, um zu erfahren, wie weit die Gipfel auseinander liegen.
b: Quanten-Reinhold ist an allen Orten gleichzeitig, d. h., jeder Quanten-Reinhold steht für einen Schritt auf dem langen Weg. Er besetzt sehr viele unterschiedliche Höhen. Bei einer Messung kommt zufällig eine Höhe von 205 Metern heraus. Weil die Versionen von Quanten-Reinhold miteinander verschränkt sind, wissen sie, welche von ihnen bei der Höhe von 250 Meter stehen, und damit, welcher Schrittzahl diese Höhe entspricht. Damit wiederum lässt sich der Abstand berechnen.

Der Shor-Algorithmus funktioniert nur deshalb, weil das Faktorisierungsproblem eine bestimmte Eigenschaft hat, nämlich eine Periode. Die Stärke des Quantencomputers ist es, diese im Zahlensalat gut verborgene Periode herauszufiltern.

Bemerkenswert dabei ist, dass die Lösung nicht eine der gespeicherten Zahlen ist wie zuvor beim Grover-Algorithmus, sondern eine »globale Eigenschaft« dieser Zahlen, wie Scott Aaronson es nennt. Also eine Charakteristik des Kollektivs aller in den Quantenregistern gespeicherten Zahlen. Eine einzelne Zahl allein kann keine Periodizität besitzen, ebenso wenig wie ein einzelnes Auto einen Stau bilden kann.

Experten sehen darin die größte Stärke von Quantencomputern. »Sie werden sehr viel schneller nach gemeinsamen Eigenschaften vieler Eingaben suchen können«, meint Anton Zeilinger. »Da glaube ich, dass es hoch interessante Anwendungen geben wird«, sagt der Physiker. Seth Lloyd wird etwas konkreter: Mustererkennung, Big-Data-Anwendungen oder maschinelles Lernen. Beim Thema maschinelles Lernen gibt es sogar konkrete Erfolge.

Zum Hintergrund: Maschinen können programmiert werden, aus Erfahrung zu lernen und das Gelernte zu verallgemeinern. Sie lernen anhand von Tausenden Einzelbeispielen, Objekte in verschiedene Schubladen einzuordnen, und nutzen diese Erfahrungen, um später unbekannte Daten automatisch Rubriken zuzuordnen. Auch hierbei geht es um gemeinsame Eigenarten vieler Eingabewerte.

Als Beispiel dafür nennt Lloyd die Erkennung von Handschriften. »Sie geben dem Computer 10.000 Beispiele der handgeschriebenen Ziffer 5 und 10.000 Beispiele der Ziffer 7. Danach kann er selbstständig handgeschriebene 5en und 7en unterscheiden«, führt Lloyd aus. Herkömmliche Computer täten sich damit schwer, sagt der Physiker. »Wir glauben, dass Quantencomputer das sehr viel schneller lernen könnten.«

Er hat Ähnliches 2014 anhand eines Verfahrens mit dem sperrigen Namen Hauptkomponentenanalyse bewiesen,[56] einer für maschinelles Lernen oft eingesetzten Technik (siehe Kasten).

Computer sehen, worauf es ankommt

Oft sind Daten in einer unübersichtlichen Weise geordnet, sodass man wenig aus ihnen herauslesen kann. Schiffe zum Beispiel könnten in einer Datenbank mit einer ganzen Latte von technischen Merkmalen wie Wasserverdrängung, Länge, Tiefgang, Geschwindigkeit, Maschinenleistung, Mannschaftsstärke beschrieben sein. *

Eine Hauptkomponentenanalyse würde entdecken, dass sich fast alle Merkmale zu zwei Gruppen zusammenfassen lassen. Die eine versammelt etwa Länge, Tiefgang und Mannschaftsstärke, ist also gut mit »Größe« beschrieben, in der anderen finden sich Geschwindigkeit und Maschinenleistung, diese könnte man »Geschwindigkeit« nennen. Mithilfe dieser beiden Werte würde es leichter fallen, in der Datenbank schnelle und gleichzeitig große Schiffe zu finden.

Auf ähnliche Weise lassen sich in einer Kundendatenbank die wichtigsten Faktoren entdecken, die das Kaufverhalten bestimmen. Das könnte etwa das Alter oder der soziale Status sein.

* Siehe Wikipedia-Eintrag: Hauptkomponentenanalyse

56 Lloyd, S. et al.: nature physics (2014); DOI: 10.1038/NPHYS3029

Es gibt weitere Quantenalgorithmen, die zum Teil deutlich schnellere Problemlösungen versprechen als ihre klassischen Pendants. Der Mathematiker Stephen Jordan vom National Institute of Standards and Technology in Gaithersburg (US-Staat Maryland) hat sie gelistet. Sein »Zoo« der Quantenalgorithmen zählt 50 Exemplare.[57]

Die meisten behandeln komplexe mathematische Probleme, die in erster Linie akademischer Natur sein dürften. Doch es gibt auch einige Quantenalgorithmen, die praktisch anwendbar sind. Einer davon berechnet den elektrischen Widerstand zwischen zwei beliebig gewählten Knotenpunkten in komplexen elektrischen Schaltkreisen[58] – wichtig beim Design von elektronischen Schaltungen. Er kann das, zumindest in der Theorie, sehr viel schneller als es mit klassischen Rechnern möglich ist. Auch hier geht es um eine globale Eigenschaft: nämlich den Widerstand der gesamten Schaltung.

Es gibt auch die Hoffnung, dass Quantencomputer das Entwickeln neuer Arzneien beschleunigen könnten, insbesondere für Krebstherapien. Im Prinzip geht es darum, aus einer riesigen Menge von potenziellen Wirkstoffen jene herauszufiltern, die sich mit fehlerhaft funktionierenden Molekülen an Krebszellen binden und diese deaktivieren. Dabei ginge es ebenfalls um das Finden gemeinsamer Eigenschaften zwischen dem Arzneimolekül und dem Zielmolekül, da die Deaktivierung auf dem Schlüssel-Schloss-Prinzip basiert.

Konkrete Forschung in diese Richtung betreibt eine Kooperation zwischen D-Wave Systems und DNA-SEQ, eine Allianz aus Firmen, Forschungsinstituten und Einzelpersonen in den USA, die sich den Kampf gegen Krebs auf die Fahnen geschrieben hat. DNA-SEQ will erreichen, dass Forschungsergebnisse schneller in die medizinische Praxis kommen.[59]

Der gehemmte Superrechner

Dass Experten eine bestimmte Stärke des Quantencomputers herausstellen, nämlich das Finden versteckter Muster in Daten, sollte stutzig machen. Deutet es doch darauf hin, dass Quantencomputer keine so weite Verbreitung finden werden wie klassische Rechner. Die Stärke einer *universellen* Maschine ist ja gerade ihre Flexibilität, also *keine* besondere Stärke zu haben. Hans-Dampf-in-allen-Gassen statt Experte, sozusagen. Und Quantencomputer scheinen eher Experten fürs Suchen zu sein.

---

57 http://math.nist.gov/quantum/zoo/
58 http://arxiv.org/abs/1311.1851
59 http://www.dna-seqalliance.com/our-approach/d-waves-quantum-computing

»Es ist nicht für jedes Problem möglich, die richtige Orchestrierung zu finden«, bestätigt Seth Lloyd. »Insgesamt sieht es so aus, als gebe es nicht für allzu viele Probleme so eine Orchestrierung«, räumt er ein. Scott Aaronson spricht noch mehr Klartext: »Das Faktorisierungsproblem ist zwar sehr schwierig. Aber es gibt Zehntausende Probleme, von denen viele für Anwendungen interessant sind, die noch sehr viel schwieriger sind. Sie haben nicht die mathematische Struktur, die Peter Shor ausnutzte. Wir haben bislang keinerlei Hinweise, dass diese Probleme effizient gelöst werden können, weder von einem normalen Computer noch von einem Quantencomputer.«

Aus diesem Grund ist auch die Befürchtung des »Focus«, der »Monsterrechner« werde die Welt ins Chaos stürzen, krass übertrieben. Denn schon heute kennen Mathematiker mehrere Verschlüsselungverfahren, für die kein Quantenalgorithmus bekannt ist, die also vor dem vermeintlichen Rechenmonster wahrscheinlich sicher sein werden.[60] Denn die zugrunde liegenden mathematischen Probleme besitzen keine versteckte Periodizität, die diese Art von Rechner nutzen könnte.

Schon heute arbeiten Forscher, etwa Johannes Buchmann von der TU Darmstadt, daran, diese Verfahren fit für den schnelllebigen Internetalltag zu machen. Der Quantenrechner wird zwar der Tod der heute genutzten Kryptoverfahren sein. Aber noch lange nicht der Tod der Kryptographie an sich.

Zu den »noch viel schwereren« Problemen, die Aaronson anspricht, gehören Optimierungsaufgaben wie das Problem des Handlungsreisenden. Hier liegen die Hoffnungen eher auf der Maschine von D-Wave Systems als auf gatterbasierten Quantencomputern, für die die meisten Quantenalgorithmen entwickelt werden.

Als Zwischenfazit möchte ich festhalten: Derzeit sieht es so aus, dass Quantencomputer eher für Spezialaufgaben eingesetzt werden denn als Mädchen für alles wie die heutigen Mikrochips. Es könnte sogar so kommen, dass verschiedene Arten von Quantenrechnern verschiedene Nischen besetzen. Die einen suchen nach versteckten Mustern, etwa in Satellitenaufnahmen oder Börsenkursen. Die anderen optimieren Schaltkreise oder Raumfahrtmissionen und screenen nach neuen Medikamenten.

Es könnte aber auch anders kommen, wie Peter Shor vermutet: »Als klassische Computer in die Welt kamen, wurden eine Menge neuer Algorithmen entdeckt, weil die Leute sie an den Geräten ausprobieren konnten. Das Gleiche könnte mit Quantencomputern geschehen«, sagt der Mathematiker. Die

---

60 Die meist erforschten Verfahren sind die so genannte gitterbasierte Kryptographie und das sog. McEliece-Verfahren.

wichtigsten Anwendungen würden demnach erst dann gefunden, wenn das Baby tatsächlich da ist.

Ein sicheres Quanteninternet

Wenn nicht wegen herausragender Rechenkünste, so könnten Quantenrechner aus einem anderen Grund dennoch die Welt erobern. Dieser heißt Sicherheit. Das Quantenrechnen könnte zum Garant für sorgloses Cloud-Computing werden. Dass die Quantenphysik abhörsichere Kommunikation ermöglicht, haben wir schon gesehen (Kap. 4). In Form des so genannten »blind quantum computing«, zu deutsch etwa: blindes Quantenrechnen, gibt es aber noch etwas Weitergehendes. In Zukunft könnten Cloud-Dienste existieren, die große Quantencomputer betreiben und Rechenzeit auf diesen anbieten.

Angenommen, eine Firma will vertrauliche Daten auf diesem Quantenserver verarbeiten. Weder die hochgeladenen Daten noch die Art der Rechnung noch die heruntergeladenen Rechenergebnisse soll irgendjemand mitlesen können, auch nicht der Dienstleister selbst. Das blinde Quantenrechnen, dessen prinzipielle Machbarkeit Wiener Physiker um Stefanie Barz 2012 experimentell bewiesen,[61] garantiert alles zusammen.

Die Methode kombiniert die Quantenkryptographie (siehe Kap. 4) mit dem Konzept des Einweg-Quantencomputers. Zur Erinnerung: Dabei werden an vielen verschränkten Qubits Quantengatter ausgeführt, indem nacheinander Messungen an einzelnen Qubits vorgenommen werden (siehe Kap. 5). Der Cloud-Dienst besitzt die Ressourcen, um diese Methode auszuführen. Der Kunde sendet dem Cloud-Dienst eigene Qubits, denen er als Zufallselement unterschiedliche Phasen verleiht. Am besten geeignet dafür, so schreibt das Team um Barz, seien Photonen. Denn sie können Quanteninformation durch Glasfasern transportieren wie bei der Quantenkryptographie. Und sie können auch zum Quantenrechnen verwendet werden (siehe Kap. 5).

Der Dienstleister verschränkt die vom Kunden erhaltenen Photonen miteinander. Weil er die Quanteninformation der Photonen nicht kennt, bleibt ihm auch der resultierende verschränkte Zustand verborgen. Der Kunde sendet ihm nun Instruktionen, welche Messungen am Einweg-Quantencomputer vorgenommen werden sollen. Mit den Ergebnissen kann der Dienst nichts anfangen, da sie sozusagen das vom Kunden eingeführte Zufallselement enthalten. Er sendet die Resultate an den Kunden zurück. Der kann sie interpretieren, weil er selbst das Zufallselement kennt.

---

61 Barz et al.: Science 335, 303 (2012), DOI: 10.1126/science.1214707

Alles, was der Cloud-Dienst bekommt, sind:
1. die Qubits, die gemäß den Gesetzen der Quantenphysik ihre Information vor jedem Beobachter verborgen halten. Würde der Dienst versuchen, an die Information zu gelangen, würde sich dies in unsinnigen Rechenergebnissen äußern. Der Kunde würde es zwangsläufig bemerken.
2. Vorgaben über die Messungen, die keine Rückschlüsse auf den Inhalt der Rechnung zulassen.

Der Kunde hat bei diesem Verfahren eine weitere eingebaute Garantie: Er erfährt, ob der Dienst *tatsächlich* einen Quantencomputer besitzt. Denn wenn nicht, würden die Ergebnisse ebenfalls keinen Sinn ergeben.

Heute schrecken Firmen davor zurück, vertrauliche Daten einem Cloud-Dienst anzuvertrauen, um dessen Rechenpower zu nutzen. Wenn die Naturgesetze einem aber die Vertraulichkeit absichern, könnte diese Hemmschwelle sinken. Da nicht jeder Mittelständler einmal einen Quantencomputer im Rechenzentrum stehen haben wird, bietet dieses Modell eine Möglichkeit, die Privatwirtschaft an den Segnungen des Quantenrechnens teilhaben zu lassen.

Ein ähnliches Verfahren hat Seth Lloyds Team für Internetsuchmaschinen entwickelt. Er nennt sie augenzwinkernd »Quoogle«. Lloyd erklärt das Prinzip: »Als Nutzer senden Sie Quoogle eine Frage und es antwortet Ihnen«, sagt der Physiker. »Wenn das von uns entwickelte Protokoll eingehalten wurde, können Sie absolut sicher sein, dass Quoogle die Frage nicht kennt.«

Techniken wie das blinde Quantenrechnen oder »Quoogle« lassen ein künftiges Quanteninternet noch attraktiver erscheinen als die Quantenkryptographie allein. Denn es könnte immerhin drei Dienste bieten, für die es in der klassischen Welt keine Entsprechung gibt: Abhörsichere Kommunikation, sicheres Quantenrechnen in der Cloud und garantiert unbeobachtetes Suchen im Netz. Wenn China und die USA ihre Pläne wahrmachen und in den nächsten Jahren Kontinente abdeckende Netzwerke für Quantenkryptographie aufbauen (siehe Kap. 4), wäre schon ein großer Schritt in Richtung Quanteninternet getan.

Doch es gibt auch Interessen, die dem entgegenwirken, wie folgende Anekdote zeigt:

Der Physiker und die Milliardäre

In Seth Lloyds Büro, direkt am altehrwürdigen »Killian Court« des MIT in Cambridge bei Boston, liegt ein alter Flickenteppich, ein sperrmüllreifes Ledersofa steht in der Ecke, eine altmodische Tafel hängt an der Wand und auf dem im 70er-Jahre-Stil furnierten Schreibtisch türmen sich Bücher. Der Quantenphysiker sieht nicht aus wie jemand, der mit Millionen hantiert. Dennoch ist er ständig unterwegs, um solche Gelder für Forschungsprojekte einzuwerben.

Vor einigen Jahren besuchte er zu diesem Zweck ein Bankett, bei dem sich Forscher mit Milliardären trafen. Er hatte die Gelegenheit, mit den Entwicklern von Google, Sergey Brin und Larry Page, zu sprechen. »Sie waren extrem interessiert an Quanten-Computing«, erzählt Lloyd. »Ich wollte ihnen unsere Suchmaschine Quoogle schmackhaft machen.« Um zwei Uhr morgens habe er den beiden die Idee kurz vorgestellt.

Am nächsten Tag bekam Lloyd aber eine Absage. »Seth, es tut uns leid«, habe Page gesagt. »Wir haben mit unserem Geschäftsführer gesprochen. Wir können das nicht kaufen.«

«Natürlich könnt ihr!«, antwortete Lloyd. »Ihr habt erst mehr als eine Milliarde für Youtube ausgegeben!« Er versuchte noch, ihnen den Deal damit schmackhaft zu machen, dass sie im datenschutzbewussten Europa damit punkten könnten.

Aber der Quantenphysiker bemühte sich umsonst: »Unser Geschäftsmodell basiert darauf, dass wir alles über jeden wissen, und wir können nicht in eine Technologie investieren, die uns daran hindert, alles über jeden zu wissen«, lautete das Argument der Google-Gründer.

Quantencomputer als Forschungswerkzeug

Wo sich Quantencomputer auf jeden Fall schon in den nächsten Jahren einnisten werden (und sich teilweise schon eingenistet *haben*), sind Forschungslabors. Auch dort werden sie aber nicht als Universalrechner eingesetzt werden, sondern als hoch spezialisierte Maschinen für Modellrechnungen. Daher sprechen Experten in diesem Zusammenhang nicht von Qaunten*computern*, sondern von Quanten*simulatoren*.

Was ist der Unterschied? Wer wissen will, wie lange ein Stein benötigt, um aus einer Höhe von einem Meter auf den Boden zu fallen, hat zwei Möglichkeiten: Er kann ein Computerprogramm starten, das Fallzeiten berechnet, als Starthöhe »1 m« eingeben und das Ergebnis vom Display ablesen. Er kann sich aber auch einen Stein, einen Meterstab und eine Stoppuhr nehmen und die Fallzeit *messen*.

Stein, Meterstab und Uhr sind zusammengenommen ein *Analogrechner* zur Bestimmung der Fallzeit. Analogrechner taten schon vor der großen Zeit der Digitalcomputer Dienst. Als Stromnetzwerke Anfang des 20. Jahrhunderts immer komplexer wurden, konnten Ingenieure gefährliche Kurzschlüsse oder Überspannungen nicht mehr mit Block und Bleistift vorausberechnen. Ein erhebliches Risiko für Fabrikanlagen oder Leitungen. Da kamen sie auf die Idee, die komplexen Leitungsnetze zu *simulieren*. Das hieß, ein elektronisches Gerät zu bauen, das in kleinem Maßstab ein dem wirklichen Netz analoges Verhalten an den Tag legt. Dieser »Netzwerkanalysator« war nichts anderes als ein Analogcomputer.

Die Entwicklung scheint sich in der Quantentechnik zu wiederholen: Der Quanten*simulator* geht dem Quanten*computer* voraus. Hier simulieren Quantenobjekte andere Quantenobjekte. Atome schlüpfen in die Rolle von Atomen, Elektronen in die Rolle von Elektronen usw. Es handelt sich also um eine Art Analogcomputer für die Quantenwelt.

Wie sieht das in der Praxis aus? Am Max-Planck-Institut für Quantenoptik in Garching stehe ich überwältigt vor einem wohnzimmergroßen Labortisch. Das Ganze erinnert an den Blick von einem hohen Turm über die Dächer einer mittelalterlichen Altstadt. Hunderte von Spiegeln, Filtern, Linsen und Glasfaserkabeln bilden ein kleinteiliges Gewirr. Dazwischen ragen, wie mächtige Kirchenschiffe, die Gehäuse starker Laser heraus.

Das Team von Immanuel Bloch verarbeitet mit dieser Anlage Laserlicht so, dass es für einen ganz bestimmten Zweck eingesetzt werden kann: um Atome abzukühlen, einzufangen und zu manipulieren. Gekreuzte Laserstrahlen bilden ein so genanntes optisches Gitter. An dessen Kreuzungspunkten werden Atome von elektromagnetischen Feldern festgehalten wie Eier in einem Eierkarton. Sie bilden so selbst ein regelmäßiges Gitter – das Modell eines Festkörpers. Nun, sagen Sie vielleicht, einen Festkörper kann ich doch direkt im Labor erforschen, dazu brauche ich kein aufwendig konstruiertes Modell davon.

Na ja, ein Silizium-Kristall oder ein Körnchen Salz hat keine Stellschrauben. Ein Kristall ist ein Kristall. Forscher würden aber trotzdem gerne die Eigenschaften von Kristallen variieren, um Gesetzmäßigkeiten leichter zu erkennen. Das optische Gitter hingegen *besitzt* Stellschrauben. Man kann es z. B. verstärken oder abschwächen. Bei schwachem Laser können die Atome zwischen den Mulden des »Eierkartons« hin und her hüpfen, bei starkem Licht bleiben sie in ihrer Mulde gefangen. So konnten schon 2002 Münchner Forscher einen speziellen Phasenübergang beobachten, der dem Übergang von flüssig zu gefroren ähnelt. Bei diesem simulierten Einfrieren entsteht das Analogon zu einem so genannten Mott-Isolator. Dabei handelt es sich um Festkörper, die ähnliche Quanteneigenschaften haben wie elektrische Leiter, überraschenderweise aber Isolatoren sind. Per Quantensimulator lassen sich diese seltsamen Festkörper nun indirekt untersuchen.

Moleküle auf Knopfdruck

Inzwischen domptieren Physiker Atome in optischen Gittern virtuos. Sie steuern, ob die Atome sich anziehen oder abstoßen. Die Gruppe von Johannes Denschlag an der Universität Ulm erzeugt auf Knopfdruck Paare von Atomen, also simulierte Moleküle. Die Ulmer Physiker können die Atome auch wabenförmig anordnen, so wie die Kohlenstoff-Atome im viel zitierten »Wundermaterial« Graphen. »Wir untersuchen dieses simulierte Graphen unter Bedingungen, die man mit realem Graphen nicht erreicht«, erläutert Denschlag.

Denschlag und sein Team haben eine Art Aufzug für einzelne Ionen gebaut, mit dem sie die Teilchen in ein Ensemble aus Atomen hieven können. Damit simulieren sie die so genannte Dotierung, also die gezielte Verunreinigung von Kristallen mit fremden Elementen. Ohne Dotierung wäre die gesamte Halbleitertechnik unmöglich und die digitale Revolution wäre ausgefallen.

Wie Richard Feynman schon in den 1980er Jahren anmerkte, ist die Natur nicht klassisch, zumindest nicht auf der Ebene ihrer kleinsten Bausteine. Sie basiert also auf der Quantenphysik. Mit Quantensimulatoren hoffen Physiker, ein Werkzeug in die Hand zu bekommen, um Materialien besser zu verstehen. Dies könnte auch praktische Auswirkungen haben. Auf Graphen zum Beispiel ruht die Hoffnung, es könne die Elektronik revolutionieren und dazu beitragen, das Moore'sche Gesetz weiterzuführen, sobald dies mit herkömmlicher Elektronik nicht mehr möglich ist. Dazu muss man das Graphen aber mit nanotechnologischen Verfahren auf der Ebene einzelner Atome manipulieren. Nur so kann es in verschiedene Rollen schlüpfen: Leiter, Halbleiter, Isolator. Das Material auf der mikroskopischen Ebene gut zu verstehen ist daher sehr wichtig.

Auch die Quantenmechanik von Hochtemperatursupraleitern könnte mithilfe von Quantensimulatoren besser verstanden werden. Ausgestattet mit diesem fundamentalen Wissen, so hoffen viele Forscher, könnten dann Supraleiter wie auf dem Reißbrett konstruiert werden – Atom für Atom. Das Ziel dabei sind Supraleiter, die Strom bei *Raumtemperatur* verlustfrei leiten. Wenn Raumtemperatursupraleiter industriell hergestellt werden könnten, würde das Energieversorgung und Verkehrswesen gründlich umkrempeln.

Auch die Entwicklung neuartiger Solarzellen könne profitieren, meint Seth Lloyd. »Es zeigt sich immer mehr, dass die Photosynthese von Pflanzen stark von den Gesetzen der Quantenphysik bestimmt wird. Wenn man die unglaublich hohe Effizienz des Energietransports in der Photosynthese für Solarzellen technisch nachahmen will, dann muss man die Quantenphysik der Photosynthese verstehen. Quantensimulatoren sollen dabei helfen.«

Die fortschreitende Miniaturisierung von Technologie schreie nach Quantensimulatoren, meint Lloyd. »Je kleiner Geräte werden, desto mehr wird ihre Funktion von der Quantenphysik bestimmt. Ein Nano-Ingenieur kann mit einem Quantensimulator sein Design testen, bevor er das System baut«, sagt der Physiker.

Der Kosmos im Labor

Simuliert werden aber nicht nur Festkörper. Quantensimulatoren bringen auch ein Phänomen hervor, das sonst nur der weltgrößte Teilchenbeschleuniger Large Hadron Collider (LHC) am CERN bei Genf ins Leben rufen konnte: das so genannte Higgs-Boson, dessen Entdeckung 2012 für Aufsehen gesorgt hat. Genauer gesagt, erzeugte Immanuel Blochs Team in einem Ensemble von Atomen eine so genannte Higgs-Anregung. Dabei handelt es sich um eine kollektive Bewegung der Atome im optischen Gitter, die dem Higgs-Boson stark ähnelt. Der Mehrwert davon ist, dass sich diese Phänomene im Quantensimulator bei sehr tiefen Temperaturen, also bei niedrigen Energien, studieren lassen, während ein Teilchenbeschleuniger ausschließlich bei sehr hohen Energien operiert. Man erhält so eine zusätzliche Perspektive auf das Forschungsobjekt.

Lloyd spannt den Bogen noch weiter: »Quantensimulation ist ein mächtiges Werkzeug, um das Universum auf seiner fundamentalsten Ebene zu verstehen«, sagt er. Weil die Quantenphysik auch in der Astrophysik mitmischt, könnten die Simulatoren helfen, Schwarze Löcher zu erforschen oder den Zustand des Universums Millisekunden nach dem Urknall.

Das Spektrum der Spezialaufgaben für Quantencomputer ist also breit genug für eine Hauptrolle in der nahen Zukunft, so in 20 oder 30 Jahren.

Die neue Ära des Quanteninternets

Ich lehne mich jetzt mal aus dem Fenster und gebe eine Prognose für das Jahr 2040 ab (Politiker verhalten sich ähnlich: Indem sie Versprechungen für das Jahr 2030 oder noch später machen, vermeiden sie jedes Risiko, je dafür zur Verantwortung gezogen zu werden). Es wird ein Quanteninternet geben, im Volksmund vielleicht QNet genannt, das Nutzer untereinander und mit großen Cloud-Diensten verbindet. Quantencomputer wird es lediglich in Form großer Quantenserver geben, wobei unterschiedliche Anbieter sich auf unterschiedliche Arten des Quantenrechnens verstehen.

Sie bieten Suchdienste für die ins Unermessliche angewachsenen Datenberge an. Die medizinische Forschung scannt DNA-Datenbanken nach möglichen Angriffspunkten für neue Arzneien, Meteorologen berechnen Tausende Wettermodelle auf einmal und filtern die wahrscheinlichste Variante heraus. Dadurch ist eine genaue Wettervorhersage für drei Monate möglich. Niemand wird mehr von einem sonnigen Sommer überrascht. Die WSA (World Space Agency) nutzt Optimierungs-Quantencomputer, um die Marsmission zu planen und auch schon die in zehn Jahren geplante Jupitermission. Privatleute versuchen in der Hoffnung auf ein lukratives Investment bislang unentdeckte Muster in Börsendaten zu finden. Ärzte greifen auf eine Datenbank mit medizinischen Daten aus aller Welt zu, um für jeden noch so eigentümlichen Fall die optimale Behandlung zu finden.

In vielen Forschungslabors rund um den Globus stehen Quantensimulatoren. Einer davon hat vor ein paar Jahren einen Weg gefunden, das energieintensive industrielle Haber-Bosch-Verfahren zu verbessern, das den reaktionsträgen Stickstoff in Dünger umwandelt. Das alte Verfahren verbrauchte 5 Prozent des jährlich produzierten Erdgases. Dank des Quantensimulators konnte ein neuer Katalysator entwickelt werden, der die Reaktion von Luftstickstoff zu Ammoniak mit zehnmal weniger Energieverbrauch vollzieht.

Möglich wurde das QNet durch einen Durchbruch vor zehn Jahren, als der Quantenrepeater (siehe Kap. 4) realisiert wurde. Das gerade demokratisch gewordene China und die USA bauten daraufhin ihre schon bestehenden Quantenkryptographie-Netzwerke aus. Durch Unterseekabel und Satelliten gelangte das neue Internet bis in die letzten Winkel der Erde. Die sichere Quantenverschlüsselung wurde technisch so weit vereinfacht, dass nicht nur Militärs, Regierungen und die Finanzindustrie sie benutzen, sondern inzwischen auch Firmen und sogar Privatleute damit ihre Nachrichten oder

Online-Einkäufe absichern. Es finden sogar schon virtuelle Arzttermine oder geheime Projektbesprechungen über das QNet statt.

So, genug in Zukunftsvisionen geschwelgt. Die vorigen beiden Kapitel sollten die Funktion des Quantencomputers erklären, einschätzen, wie weit die Entwicklung ist, sowie abwägen, wie wichtig diese Art von Computer einmal werden kann.

In den folgenden beiden Kapiteln möchte ich zum Abschluss einen Eindruck davon vermitteln, wie die verrückte Quantenwelt nicht nur in der Technik der nahen Zukunft eine wichtige Rolle spielen könnte. Die bizarren Effekte mischen womöglich auch bei der belebten Natur kräftig mit, etwa bei der Photosynthese oder dem Geruchssinn des Menschen. Sogar das ganze Universum könnte eine Art Quantencomputer sein, wie das letzte Kapitel zeigen wird.

7 Der Quantencomputer im Laub

Das Leben kontrolliert die Quantenphysik: Wie Pflanzen, Tiere und Menschen die bizarren Quantengesetze nutzen

»Wenn man bedenkt, dass jedes Atom des eigenen Körpers Millionen Jahre alt ist und bereits in Sternen, Steinen, Blumen, Moskitos und Dinosauriern gedient hat, ahnt man etwas von der Erfahrungsintelligenz der Biologie.«

Peter Horton, österreichischer Musiker und Buchautor

Die Idee zu einer der wichtigsten Erfindungen des 20. Jahrhunderts hatte Georges de Mestral, nachdem er, vom Gassigehen kommend, Kletten aus dem Fell seines Hundes gepflückt hatte. Der Schweizer Ingenieur betrachtete die lästigen Kugeln unter dem Mikroskop. Er erkannte, warum sie so gut hafteten: Winzige Widerhaken an den Enden ihrer nadelförmigen Blätter hängen sich in das Fell von Tieren. Mestral inspirierte diese Beobachtung zum Klettverschluss, bei dem sich Kunststoff-Häkchen in winzige Kunststoff-Ösen hängen und so zwei Bänder zusammenhalten. Die Elastizität der Häkchen erlaubt es, wie beim natürlichen Vorbild den Verschluss relativ leicht wieder zu öffnen.

Mit Quantenphysik hat die Anekdote nichts zu tun. Aber mit dem Prinzip, sich von Lebewesen technische Lösungen abzugucken. Die Evolution hat in Jahrmilliarden Antworten auf die kniffligsten Fragen gefunden, die der Planet Erde zu stellen vermag. Da bedienen sich Erfinder gerne, so haben die Flugpioniere Otto Lilienthal und die Brüder Wright sich vom Flug großer Vögel inspirieren lassen.

Wir haben in den vorhergehenden Kapiteln gesehen, wie Forscher sich die bizarren Gesetze der Quantenphysik zunutze machen, um fortschrittliche Technologie zu entwickeln. Von der Natur haben sie dabei bislang nicht abgeschaut. Doch es zeigt sich immer mehr, dass ein Blick dorthin sich für die Quantentechniker lohnen könnte. Die Hinweise mehren sich, dass Lebewesen während der Evolution Quanteneffekte für sich entdeckt haben.

Risse im klassischen Weltbild der Biologen

Das Leben gilt eigentlich als rein klassisch. Lebewesen gibt es nicht in Superposition oder Verschränkung. Wenn man von dem geplanten Versuch, einen Virus unter abgeschirmten Laborbedingungen in Quantensuperposition zu bringen, einmal absieht. Genauso wenig, wie eine Katze gleichzeitig leben und tot sein kann, wird es ein Mensch nicht schaffen, simultan am Schreibtisch zu arbeiten und sich im Spa-Bereich zu entspannen.

Doch einige der erstaunlichsten Lebensprozesse brechen aus diesem Rahmen aus. Manches biologische Rätsel lässt sich von der klassischen Physik nicht erklären. Vieles spricht dafür, dass die Evolution Superposition, Verschränkung und den Tunneleffekt für sich entdeckt hat. Offenbar setzt sie sie ein, um für Lebewesen besondere Effizienz und Sensitivität zu erreichen.

Das Erstaunlichste daran: Die Quanteneffekte funktionieren bei Normaltemperatur, umgeben von der Betriebsamkeit eines lebenden Organismus. Die Natur übt offenbar Kontrolle über die von Quantentechnikern so gefürchtete Dekohärenz aus. Sie demonstriert damit, dass es möglich ist, die technisch vielversprechenden Quanteneffekte unter diesen Verhältnissen zu nutzen.

Eines der Rätsel, vor denen die klassische Physik ratlos steht, sitzt mitten in Ihrem Gesicht. Die menschliche Nase kann eine Billion Duftkombinationen unterscheiden. Der unterschätzte Sinn deklassiert damit Augen und Ohren, die »nur« einige Millionen Farben bzw. rund eine halbe Million Töne auseinanderhalten. Die Meisterleistung gelingt, wie Forscher annehmen, dank des Tunneleffekts. Wie, das werden wir noch sehen.

Ungeklärt bleibt bislang auch der Orientierungssinn von Vögeln. Rotkehlchen und andere Zugvögel besitzen nach derzeitiger Kenntnis einen chemischen Kompass in ihren Augen, der ihnen erlaubt, das Magnetfeld der Erde quasi zu *sehen*. Auch hier versagt die klassische Physik, das Phänomen zu erklären, nur die Quantenphysik liefert bislang eine Erklärung, die allerdings noch nicht voll experimentell bestätigt ist. Zum Einsatz kommt hier die Verschränkung. Auch davon später.

Fehlt noch die Superposition. Vieles deutet darauf hin, dass sie für die eindrucksvolle Effizienz der Photosynthese sorgt. Pflanzen und bestimmte Bakterien verwenden die Energie des Sonnenlichts, um Wasser und Kohlendioxid in energiereiche Kohlenhydrate umzuwandeln.

Die perfekte Solarzelle der Natur

Sonnenlicht sammeln sie mit Eiweißmolekülen ein, die winzigen schüsselförmigen Antennen ähneln. Fast ohne Verlust transportieren die Antennenproteine die Energie zu Reaktionszentren, wo sie in chemischen Verbindungen gespeichert wird. Entwickler von Solarzellen würden von einem derartigen Wirkungsgrad nicht einmal zu träumen wagen. Die Fast-100-Prozent-Effizienz ist eine Folge der extremen Schnelligkeit des Energietransports: Nur Billionstel Sekunden dauert die Reise. Weil die Energie praktisch augenblicklich zum Reaktionszentrum gelangt, hat sie kaum Zeit, sich in nutzlose Wärme umzuwandeln.

Die klassische Physik scheitert daran, die Fast-100-Prozent-Effizienz zu erklären. In den Antennenproteinen sind Farbstoffe eingebettet, meist das aus der Schule bekannte Blattgrün, auch Chlorophyll genannt. Die Farbstoffmoleküle absorbieren von der Sonne kommende Photonen. Die Energie löst einzelne Elektronen von ihren Atomen ab. Diese transportieren die Energie zum Reaktionszentrum.

Nach klassischer Vorstellung suchen sich die Elektronen den Weg durch die Antenne zum Reaktionszentrum, indem sie planlos von Farbstoffmolekül zu Farbstoffmolekül hüpfen. Wie ein schwer Betrunkener, der nach Hause torkelt: Für jeden Schritt in die richtige Richtung macht er mehrere zufällige Schritte irgendwo anders hin. Effizient klingt das wahrlich nicht, zumal das Elektron seinen Weg über Hunderte von Farbstoffmolekülen finden muss.

Die Quantenphysik erspart dem Elektron diesen Irrweg, wie Experimente nahelegen. Das erste davon machte 2007 der Physiker Graham Fleming von der University of California in Berkeley. Er untersuchte einen Teil des Antennenproteins von Grünen Schwefelbakterien. Sein Team regte die Moleküle mit Laserlicht an und beobachtete den Energiefluss durch den Antennenteil. Dabei zeigten sich wellenförmige Muster. Diese dauerten eine Billionstel Sekunde lang an, so lange, wie die Forscher mit ihrer Apparatur hinsehen konnten.

Die Elektronen reisen in Form von Materiewellen durch das Molekül. Mehrere Wellen bilden eine Superposition und gehen somit viele Wege gleichzeitig durch das Molekül. In einem einzigen Augenblick verwerfen sie alle Irrwege und wählen den richtigen, sprich den *direkten* Weg ins Reaktionszentrum. Jedes Elektron vervielfältigt sich gleichsam, um wie Ameisen auszuschwärmen nach dem Motto: Eines wird das Ziel schon finden.

Die New York Times schrieb damals, die Grünen Schwefelbakterien arbeiteten wie ein Quantencomputer. Denn dieser nutzt Superposition ebenfalls, um verschiedene Lösungsmöglichkeiten simultan zu testen, die Nieten zu verwerfen, sodass der Gewinn übrig bleibt.

Das mit dem Quantencomputer bleibt bis heute Spekulation. Modellrechnungen des Physikers Seth Lloyd vom Massachusetts Institute of Technology in Cambridge legen aber nahe, dass das Elektron einen so genannten Quantum-Walk durchführt. Das wäre in der Tat eine Art Quantencomputer-Programm, das im Antennenprotein abläuft.

Der Quantum-Walk ist die Quanten-Version des »Random Walk« oder auf Deutsch der »Zufallsbewegung«. Dazu eine kurze Erläuterung: Angenommen jemand steht auf einer Linie. Er wirft eine Münze. Bei Kopf geht er einen Schritt vorwärts, bei Zahl einen Schritt rückwärts. Auch wenn er das Spiel 100 Mal wiederholt, wird er insgesamt etwa genauso oft Kopf wie Zahl geworfen haben. Wenn er, sagen wir, fünf Mal öfter Kopf geworfen hat, dann ist er gerade mal fünf Schritte vorwärtsgekommen.

Eine Irrfahrt, die schnell zum Ziel führt

Wäre der Münzwerfer ein Quantenobjekt, würde er deutlich weiter kommen. Am wahrscheinlichsten landet er nach hundert Schritten rund 70 Schritte vom Ausgangspunkt entfernt. Mit anderen Worten: Er legt trotz des zufälligen Münzwurfs substanziell Weg zurück. Eine ziemlich effiziente Irrfahrt.

Dies erklärt sich mithilfe der Quanteninterferenz. Im klassischen Fall befindet sich der Läufer nach jedem Schritt auf *einem* Platz, von dem aus er sich nach vorne *oder* nach hinten wieder entfernen kann. Der Quantenläufer hingegen kann simultan in *beide* Richtungen davoneilen. Nach dem ersten Schritt ist er gleichzeitig vor und hinter dem Ausgangspunkt. Nach zwei Schritten ist er wieder am Ausgangspunkt und gleichzeitig zwei Schritte davor und dahinter. So geht das immer weiter. Auf seinem Weg nimmt er alle Positionen zwischen je hundert Schritten vor und hinter dem Ausgangspunkt ein. Dabei überlagern sich die Wahrscheinlichkeitswellen all dieser Möglichkeiten. Der Läufer begegnet sich gleichsam an allen Punkten mehrfach selbst.

Die Wahrscheinlichkeitswellen können sich gegenseitig verstärken, aber auch abschwächen. In der Nähe des Ausgangspunkts schwächen sie sich ab. Die Schritte, die zu Plätzen wie 30 oder 20 geführt hätten, neutralisieren sich sozusagen, als hätten sie nie stattgefunden. Weiter außen hingegen verstärken sie sich, sodass die Wahrscheinlichkeit, den Quantenläufer dort bei einer Bestimmung seines Aufenthaltsorts anzutreffen, recht groß ist.

Fleming führte sein Experiment in mehr als eisiger Kälte durch, nämlich bei rund -200 °C, was wohl kein Organismus überleben dürfte. Das ließ freilich Zweifel zu, ob der beobachtete Quanteneffekt auch bei höheren Temperaturen auftritt. Bei Raumtemperatur schwingen die Moleküle des Antennenkomplexes viel wilder durcheinander, und diese chaotischen Umweltbedingungen könnten die Superposition stören, etwa so, wie es einem Trupp Soldaten bei schwankendem Untergrund schwerer fallen dürfte, den Gleichschritt zu halten.

Doch inzwischen beobachteten Forscher den Quanteneffekt bei Algen und Grünen Schwefelbakterien auch bei Raumtemperatur.[62] Die Superposition macht demnach den Transport nicht nur schneller, sondern auch robuster. Von Sekunde zu Sekunde schwankt die Form der Antenne ein wenig. Das verändert den optimalen Weg über das Molekül hinweg zum Reaktionszentrum. Die Superposition erlaubt eine rasche Anpassung an die sich stetig ändernden Verhältnisse: Der Weg wird trotzdem schnell gefunden.

Dennoch bleibt es ein Rätsel, wie die Superposition bei den chaotischen Vibrationen des Antennenproteins aufrechterhalten wird. Eine These lautet, dass das Zittern die Superposition sogar unterstützt. »Die Elektronen tauschen sehr gezielt einen Teil ihrer Energie mit den Vibrationen aus«, sagt Martin Plenio von der Universität Ulm. Sein Team hat den Prozess am Computer simuliert. Die Evolution hat demnach etwas Ähnliches gemacht wie ein Hörer beim Einstellen eines bestimmten Radioprogramms. Dabei stimmt der Hörer die Frequenzen von Sender und Empfänger aufeinander ab. Genauso sind die Materiewellen der Elektronen auf die am häufigsten auftretende Frequenz der Vibrationen abgestimmt. Im obigen Bild mit den Soldaten gesprochen: Wenn der Boden mit ihrem Marschrhythmus schwankt, werden sie sich mit dem Marschieren leichter tun.

Der Energieaustausch funktioniert allerdings nur, wenn die Bausteine des Antennenproteins in bestimmter Weise untereinander ausgerichtet sind. Er hängt empfindlich von den Winkeln und Abständen ab, die die Einzelbausteine gegenseitig einnehmen. Das entspricht gewissermaßen dem Einstellen des Radios auf den Sender. »Ob die Evolution solche optimalen Strukturen durch ihre Auswahlprozesse hervorgebracht hat, wissen wir nicht«, räumt Plenio ein.

62 Hildner, R. et al.: Science 340, 1448 (2013); Collini, E. et al.: Nature 463, 644–647 (2010)

Doch allein das Auftreten eines solchen Quanteneffekts in natürlicher Umgebung weist stark darauf hin, dass die Natur Wege gefunden hat, dieses sensible Phänomen zu schützen wie ein Soufflé, das man heil zur Party eines Freundes bringen will. Sie kontrolliert die Superposition und schlägt Profit aus ihr.

Wein, der nach verfaulten Eiern riecht

Auch das Rätsel des Geruchssinns könnte durch Vibrationen gelöst werden. Die Jahrzehnte alte Lehrmeinung, wie Riechen funktioniert, kann nicht alles erklären. Demnach ähnelt der Geruchssinn einem Türschloss. Wenn Sie morgens eine Tasse Kaffee trinken, dann strömen mindestens 100 verschiedene Duftnoten in Ihre Nase. Duftstoffe sind Moleküle, die sich anhand ihrer Formen unterscheiden lassen wie Schlüssel. Die dazugehörigen Schlösser sitzen in der Nase und heißen in der Fachsprache »Rezeptoren«. Wenn der Schlüssel im Schloss steckt, wird ein elektrisches Signal an das Gehirn geleitet. Stecken etwa die 100 Duftstoffe des Kaffees in ihren Rezeptoren, nimmt der Mensch die Kombination als Kaffeegeruch wahr.

Vergleichbar ist das mit einem Hochhaus. Wenn nach Feierabend ein Schwall Bewohner ihre Wohnungstüren aufsperren und das Licht anschalten, dann sieht man von außen anhand des Musters an beleuchteten Fenstern, wer jetzt zu Hause ist und wer nicht.

Komisch ist nur, dass der Mensch ungefähr 10.000 Duftstoffe unterscheiden kann,[63] obwohl er nur rund 400 verschiedene Duftrezeptoren besitzt. Wenn jeweils zwanzig verschiedene Leute den Schlüssel zu je einer Wohnung haben, dann sagt einem das Muster der Lichter wenig darüber, welche Personen sich gerade im Haus befinden. Wenn mehr als ein Duftmolekül in jeden Rezeptor passt, dann könnte ein Misthaufen womöglich nach einem Rosenfeld duften.

Der Duft eines Moleküls hängt also nicht allein von dessen Form ab. Schade für die Parfümindustrie, denn sie kann nicht vorhersagen, wie ein Molekül riechen wird, bevor sie es hergestellt hat. Manchmal riechen Moleküle mit fast gleicher Form sehr unterschiedlich, während andere Duftstoffe mit sehr unterschiedlicher Form fast identisch riechen. Die Parfümhersteller müssen Tausende Verbindungen synthetisieren, bis sie den richtigen Duft getroffen haben.

---

63 Zu unterscheiden von der oben genannten 1 Billion Geruchs*kombinationen*, die sich jeweils durch Zusammenwirken von Hunderten einzelner Duftstoffe ergeben.

Die Rezeptoren müssen also noch weitere Eigenschaften der Moleküle abfragen, um sie richtig zu identifizieren. Forscher haben einen starken Verdacht, welcher Mechanismus neben dem Schlüssel-Schloss-Konzept den Duft eines Moleküls ausmacht. In Zukunft können Parfümhersteller vielleicht doch ihre Düfte am Computerbildschirm designen, indem sie virtuell Moleküle zusammenbauen.

Der Biophysiker und Parfümexperte Luca Turin vom Alexander-Fleming-Forschungszentrum in Vari, Griechenland, fand Erstaunliches, als er das Riechvermögen von Fruchtfliegen erforschte. Von dem Aromastoff Acetophenon, Bestandteil vieler ätherischer Öle, fühlen sich die Insekten normalerweise angezogen. Als aber Turins Team den Wasserstoff in dem Duftmolekül durch schweren Wasserstoff (Deuterium) ersetzte, ging die Anziehungskraft verloren. Offenbar roch der Stoff nun für die Fruchtfliegen anders.

Das erstaunt, weil es chemisch gesehen egal ist, ob das Molekül leichten Wasserstoff oder Deuterium enthält. Es gibt keine chemische Methode, die beide Molekülarten unterscheidet. Der Unterschied liegt im Atomkern, der beim Deuterium neben dem Proton noch ein Neutron enthält. Die Form des Moleküls ändert das nicht.

Was sich ändert ist die Masse: Deuterium ist doppelt so schwer wie normaler Wasserstoff. Das Acetophenon wird dadurch sozusagen schwerfälliger. Die Vibrationen des Moleküls werden langsamer, weil nun die schwereren Deuterium-Atome bewegt werden müssen.

Offenbar riechen die Fruchtfliegen den Unterschied in der Schwingungsfrequenz. Die Fliegen reagierten auf Nitril ähnlich wie auf das mit Deuterium versehene Acetophenon. Dieses hat zwar chemisch gesehen nichts mit Acetophenon gemein, enthält aber die gleichen Schwingungsfrequenzen wie die Deuterium-Version des Acetophenons.

Umstritten ist allerdings die Frage, ob auch die menschliche Nase ein Schwingungsdetektor ist. Moschus, wie er in Parfüms enthalten ist, roch für Probanden anders, wenn Wasserstoffe durch Deuterium ersetzt wurden, wie Turins Team fand. Andererseits funktioniert der Trick mit Acetophenon beim Menschen nicht. Offenbar setzt diese Fähigkeit beim Menschen erst ab einer gewissen Zahl von Deuterium-Atomen im Molekül ein: Moschus besitzt mehr Wasserstoffe als Acetophenon.

Seth Lloyd berichtet von einem weiteren Beispiel.[64] Ein wie neuseeländischer Cabernet Sauvignon duftendes organisches Molekül rieche nach faulen

64 https://www.youtube.com/watch?v=wcXSpXyZVuY, abgerufen am 6.8.2014

Eiern, wenn man seine Kohlenstoff-Atome durch Silizium ersetze. An seinen chemischen Eigenschaften ändert der Eingriff nichts. Doch das schwerere Silizium schwinge ähnlich langsam wie Schwefelatome, die in anderen chemischen Verbindungen vorkommen. Daher der schwefelige Geruch von faulen Eiern.

Doch *wie* erfühlen Geruchsrezeptoren die Vibrationen?

An der Wand seines »Schlüssellochs« besitzt der Rezeptor zwei räumlich getrennte Kontakte. Durch den Tunneleffekt können Elektronen von einem Kontakt zum anderen gelangen. Doch der Tunneleffekt ist blockiert, solange der richtige »Schlüssel« nicht steckt. Denn die Kontakte sind unterschiedlich in ihre Umgebung eingebettet, sodass das Elektron an der Quelle eine höhere Energie besitzt als an der Senke. Der Stromfluss müsste also Energie loswerden. Weil Energie nicht ins Nichts verschwinden kann, unterbleibt er.

Wenn sich nun ein Duftmolekül zwischen die beiden Kontakte setzt, gibt es für das Elektron eine Chance, die Energie abzugeben: Es kann ein Vibrations-Teilchen (siehe Kapitel 5) anregen. Wie eine Billardkugel, die eine ruhende Billardkugel anstößt, gibt es Energie an das Vibrations-Teilchen ab. Wenn die Energiedifferenz genau dem Unterschied zwischen Kontakt 1 und 2 entspricht, dann kann das Tunneln stattfinden. Der Stromfluss löst dann die Signale aus, die zum Geruchsempfinden führen.

Das Ganze wirkt wie ein Filter für Schwingungsfrequenzen. Denn die angestoßene Vibration muss exakt die Energielücke zwischen Kontakt 1 und 2 füllen, d. h., die Schwingung muss die richtige Frequenz haben. Nur Duftmoleküle mit den richtigen Schwingungen können also die Signalkette auslösen.

Die Quantenphysik kommt hier zweimal ins Spiel: mit dem Tunneleffekt und mit dem Stoßen des Elektrons mit einem Vibrations-Teilchen, das gemäß dem Welle-Teilchen-Dualismus existiert.

Der Rezeptor kann mehrere Kontaktpaare besitzen und daher für mehrere Düfte gleichzeitig zuständig sein. Das ist ein plausibles Erklärungsmodell dafür, dass 400 Duftrezeptoren 10.000 Düfte wahrnehmen können. Die Parfümhersteller können durch die Analyse des Schwingungsspektrums eines Moleküls dessen Duft vielleicht bald am Computer *planen*.

Wie Vögel Norden »sehen«

Die Beweislage für die Nase als Vibrationsdetektor ist eher indirekt: Klassische Physik hat bislang darin versagt, den Geruchssinn zu erklären. Zumindest mittelbar gibt es aber Indizien dafür, dass der Orientierungssinn mancher Vögel der Quantenphysik zu verdanken ist.

Ein Kompass zeigt immer nach Norden, egal, ob das Licht eingeschaltet ist oder nicht. Bei Rotkehlchen und einigen anderen Vogelarten ist das anders, wie die Frankfurter Ornithologen Wolfgang und Roswitha Wiltschko herausgefunden haben. Ihr Kompass funktioniert nur bei blauem und grünem Licht (in einer Intensität, wie sie nach Sonnenuntergang herrscht, denn die Vögel ziehen nachts gen Süden). Zudem zeigt ihr innerer Kompass nicht nach Norden. Vielmehr detektiert er die Neigung des Erdmagnetfelds bezüglich der Lotrechten. Daraus lässt sich indirekt bestimmen, wo Norden ist. Außerdem bringt ein äußerst schwaches Magnetfeld den Vogelkompass durcheinander, wenn es mit einer bestimmten Frequenz schwingt.

Klassische Physik hat es bislang nicht geschafft, das alles zu erklären. Die Quantenphysik aber schon. Demnach spielt die Verschränkung, also Einsteins »spukhafte Fernwirkung«, eine entscheidende Rolle. In der Augennetzhaut der Vögel befinden sich Farbstoffmoleküle, die das blaue und grüne Licht absorbieren. Die so zugeführte Energie löst pro Molekül ein Elektron heraus, das zu einem zweiten, benachbarten Molekül wandert. Beide Moleküle besitzen nun ein so genanntes Radikal, also ein Elektron, das seinen Partner verloren hat und daher stark zu chemischen Reaktionen neigt.

Die Radikale sind verschränkt, d. h., sie bilden ein unteilbares Ganzes. Ihre Verbindungslinie fungiert nun wie eine Art Zeiger. Je nachdem, wie das Magnetfeld der Erde zu diesem Zeiger orientiert ist, ändert sich die Reaktionsfreudigkeit des Radikalpaars. So entstehen je nach Zeigerstand unterschiedliche Mengen des Reaktionsprodukts. Und diesen chemischen Unterschied kann der Vogel als optischen Reiz wahrnehmen. Sein Gehirn übersetzt diesen Reiz in die Information, wie das Erdmagnetfeld geneigt ist.

Von der Natur spicken

Bei Photosynthese, dem Geruchssinn und dem Orientierungssinn von Vögeln sehen Forscher klare Hinweise auf das Wirken von Superposition, Verschränkung und Tunneleffekt. Es gibt noch weitere Beispiele aus der Biologie, wo ein Arbeiten der Quantenphysik vermutet wird. Die gewagteste These: Die Basis des Lebens selbst, das Erbgutmolekül DNA, sei eine Art Quantencomputer. Bei der Verdoppelung der DNA, wie sie bei der Zellteilung nötig ist, müssen die richtigen Moleküle zusammenfinden. Die Effizienz dieser Suche basiert laut diesem Vorschlag auf dem Grover Suchalghorithmus, den wir in Kapitel 6 kennengelernt haben. Wenn die Natur es geschafft hat, die Sensibelchen Superposition und Verschränkung so zu pflegen und in ihre Organismen einzubauen, dass sie unter den harschen Umweltbedingungen der Erde ungestört ihre Arbeit tun, dann kann sie Forschern als Vorbild dienen.

»Die Effizienz von Solarzellen könnte durch das Nutzen der Quanteneffekte, die wir bei der Photosynthese beobachten, deutlich erhöht werden«, sagt Martin Plenio. Beim Bau von künstlichen Lichtsammelkomplexen müsste allerdings die Dekohärenz überwunden werden. Zu verstehen, wie die Natur das macht, ist freilich Voraussetzung.

Vielleicht wird sogar einmal ein Quantencomputer nach dem Vorbild von Blättern konstruiert. Computer, die auf künstlichen Lichtsammelkomplexen basieren, könnten 100 bis 1000 Mal schneller sein als heutige (2014) Computer, schreiben die Physiker Gabor Vattay von der Eötvös-Loránd-Universität Budapest und Stuart Kauffman von der Universität von Vermont.[65] Die enorme Leistung der Nase bei der Unterscheidung von Gerüchen und der Orientierungssinn der Vögel könnten als Modelle für besonders empfindliche Sensoren dienen.

Blätter und DNA, beides Quantencomputer? Das klingt faszinierend. Ist aber ein Klacks gegen die These, das ganze Universum sei ein Quantencomputer, womit schließlich der Mensch selbst Teil dieses Computers wäre. Dass dahinter mehr steckt als Stoff für Science-Fiction, wird das nächste Kapitel zeigen.

---

65 arxiv.org/abs/1311.4688

8 Der erste Quantencomputer rechnet seit 14 Milliarden Jahren

Forscher rätseln, wie so komplexe Dinge wie das Gehirn entstehen konnten. Manche von ihnen sagen: Die Quanten haben's programmiert.

»It from Bit.« (Deutsch in etwa: Es kommt vom Bit)
John Archibald Wheeler, US-Physiker (1911–2008)

Eine Rasse von hyperintelligenten Außerirdischen baut in Douglas Adams' Kult-Science-Fiction-Roman »Per Anhalter durch die Galaxis« einen Supercomputer von der Größe einer Kleinstadt. Er bekommt eine große Aufgabe: Die Frage »nach dem Leben, dem Universum und allem« zu beantworten. Damit ist »Deep Thought«, so heißt der Computer, siebeneinhalb Millionen Jahre beschäftigt. Am Tag der Ergebnisverkündung verbreitet Deep Thought eine, gelinde gesagt, gewisse Enttäuschung unter den zwei Bedienern, die seit ihrer Geburt auf diesen Moment vorbereitet worden waren.

Denn die heiß ersehnte Antwort lautet »42«.

Deep Thought merkt an, seinen Bedienern erscheine die Antwort nur deshalb sinnlos, weil sie selbst nie richtig gewusst hätten, wie die Frage *wirklich* lautete. Wenn sie das erst einmal wüssten, dann verstünden sie auch die Antwort. Er selbst wisse die Frage zwar auch nicht, könne aber einen neuen Computer entwerfen, der die »Letzte Aller Fragen« berechnet. Dieser Computer sei »von so unendlicher und unerhörter Kompliziertheit«, dass das Leben selbst zu seiner »Arbeitsmatrix« gehöre. Es handle sich um ... die Erde.

Hä, die Erde ein Computer? Wie soll die denn *rechnen* ohne Schaltkreise und Programmierung, dachte ich beim erstmaligen Lesen von Adams' Meisterwerk in den 1980er Jahren. Na ja, in der Science Fiction geht eben alles.

Doch Adams' Vorstellung von der Welt als Computer war nicht neu, sondern wurde schon zuvor von Wissenschaftlern formuliert. Dass das ganze Universum ein Computer sei, schlugen schon Konrad Zuse oder der US-Physiker Edward Fredkin vor.

Später diskutierten Quantenphysiker wie David Deutsch, Seth Lloyd oder Vlatko Vedral die Idee, das Universum sei ein *Quanten*computer. Dieser »rechnet« nun seit knapp 14 Milliarden Jahren. Aber worauf steuert diese Rechnung zu? Wird am Ende eine unbefriedigende Antwort wie »42« stehen? Wird es so etwas wie eine Antwort geben? Warum stellen Forscher überhaupt diese These auf? Was bringt es, das Weltall als Computer zu betrachten?

Teufelchen betreibt ein Perpetuum mobile

Nun, was tut ein Computer? Er verarbeitet Information. Im Alltag wirkt Information als etwas Immaterielles, Körperloses. Sie ist zwar wichtig, um die richtigen Entscheidungen zu treffen oder den Zug rechtzeitig zu erreichen oder um mit Aktien Gewinn zu machen. Aber sie ist nichts, worauf man ein Gebäude gründen oder womit man ein Flugzeug in der Luft halten könnte.

Physiker hingegen kommen immer mehr dahinter, dass Information genauso zu den Grundfesten der Welt gehört wie Energie und Materie. Manche halten sie sogar für wichtiger als Energie und Materie. Mit Anton Zeilinger gesprochen: »Information ist der Urstoff des Universums«.[66]

Das klingt für Alltagsohren merkwürdig, denn Information scheint von einem menschlichen Beobachter abhängig zu sein. Er ist es, der erfährt: Das Auto ist blau, der Zug fährt um 17.13 Uhr ab, das Museum ist in der dritten Querstraße links. Information ist Wissen und dieses ist scheinbar an ein Bewusstsein gebunden. Was könnte demgegenüber die tote Welt der Physik »wissen«?

Andererseits: Betrachtet man Information als Exklusivrecht des Menschen, hat dies unrealistische Konsequenzen. Zum Beispiel könnte dann ein Perpetuum mobile zweiter Art existieren. Normalerweise braucht es ein Temperaturgefälle, um eine Maschine anzutreiben. Denn dadurch fließt Wärme in eine bestimmte Richtung und kann Arbeit verrichten. Bei gleichmäßiger Temperatur hingegen bewegen sich Teilchen wirr in unterschiedliche Richtungen. Diese ziellose Energie kann nicht genutzt werden, ähnlich wie sich ein Auto nicht vorwärts bewegen wird, wenn 20 Leute rund um es herumstehen und daran schieben. Ein Perpetuum mobile zweiter Art soll aber genau das

---

66 Anton Zeilinger: Einsteins Schleier, Goldmann, 2003

tun: Einem gleichmäßig temperierten Medium Wärme entziehen und in Arbeit umwandeln.

Nun gibt es ein hypothetisches Teufelchen, genannt der Maxwell'sche Dämon, der auf den ersten Blick genau dies ermöglicht. Es bewacht ein Türchen, das zwei gleich warme Räume trennt. Das Teufelchen kann die Gasmoleküle in beiden Räumen fliegen sehen. Es öffnet das Türchen, um besonders schnelle Moleküle aus dem rechten Raum in den linken zu lassen und umgekehrt besonders langsame Moleküle vom linken Raum in den rechten. So sammeln sich im linken Raum die schnellen und im rechten die langsamen Teilchen, sprich: Links wird es wärmer als rechts. Der Dämon hat ein Temperaturgefälle hergestellt, das eine Maschine antreiben könnte. Das hat er getan, ohne den Teilchen Energie zuzuführen, sondern nur durch Beobachtung.

Wenn es gelänge, *Information* über das Verhalten der Gasteilchen zu gewinnen, so schloss James Clerk Maxwell, könne man das vermeintliche Naturgesetz »Es gibt kein Perpetuum mobile zweiter Art« brechen.

Freilich gibt es dieses übernatürliche Wesen nicht. Doch Physiker haben es technisch nachgebildet und es hat funktioniert![67]

Allerdings nur, wenn man die Energiebilanz ohne den Faktor Information zieht. Die Intelligenz des Dämons gibt es nicht zum Nulltarif. Es stellt sich heraus, dass das Verarbeiten von Information Energie kostet und dass man unter dem Strich nichts gewinnt.

Einsteins berühmte Formel $E = mc^2$ besagt, dass Materie und Energie zwei Kehrseiten der gleichen Medaille sind. Man kann sie ineinander umwandeln. Eine ähnliche Beziehung gibt es zwischen Energie und Information: Jedes Bit an gelöschter Information kostet einen bestimmten Betrag an Energie. Die beiden Größen lassen sich ineinander umrechnen wie Euro und Dollar. Es gibt eine Formel dafür, Energie und Information sind gleichartig. Die experimentelle Umsetzung von Maxwells Dämon hat gezeigt, dass Information als Medium genutzt werden kann, um Energie zu transferieren.

Information ist also eine physikalische Größe, sie ist Teil einer exakten Wissenschaft, quantifizierbar, berechenbar. Diesen Aspekt haben wir in den letzten Kapiteln schon öfter gestreift. Jede Information verarbeitende Technologie, sei es der Abakus, ein klassischer Rechner oder ein Quantencomputer, ist die *Verkörperung* einer Art, Information zu verarbeiten. Kugeln auf Stangen tun es, durch Transistoren fließende Elektronen tun es, Ionen in Ionenfallen tun es, durch Lichtleiter rasende Photonen tun es: Daten verarbeiten. Kurz: Die digitale Revolution gründet auf den physikalischen Bausteinen der Natur.

---

67 http://www.nature.com/news/2010/101114/full/news.2010.606.html

Information, das Fundament des Universums?

Doch bei der Feststellung *Information ist Physik* hört die Geschichte nicht auf. Die Rolle der Information könnte noch grundlegender sein, sodass sich die Machtverhältnisse umkehren: *Physik ist Information.*

Alles, was der Mensch über die Natur weiß, erfährt er durch Fragen, die er der Natur in Form von Experimenten stellt. Ist der Mond eine Kugel? Besteht Materie aus Atomen? Durch welchen der beiden Spalte ist das Lichtteilchen gegangen? Eine intuitive Annahme sagt uns, dass die Antworten darauf Informationen *über* die Realität sind. Sie sind der Teil der Wirklichkeit, den wir in Erfahrung bringen können. Doch es gibt auch die Meinung, dass es gar keine verborgene Realität hinter den Antworten gibt. Dass nur das Beobachtbare existiert. Die Antworten, die der Frager erhält, *sind* die Natur. »Information ist das Garn, das alle Phänomene um uns herum verbindet und gleichzeitig ihren Ursprung erklärt«, drückt es Vlatko Vedral von der University of Oxford aus.[68]

Die Fragen lassen sich so formulieren, dass die Antworten Ja oder Nein lauten. Wenn diese Jas und Neins tatsächlich alles sind, was es gibt, dann ist die Natur digital. Die Quantelung der Natur, also dass alles letztlich aus winzigsten, unteilbaren Batzen besteht wie Lichtteilchen oder Elektronen, wäre eine natürliche Folge. Auch der Raum an sich bestünde aus kleinsten, zählbaren Raumzellen, wie schon Konrad Zuse spekulierte.

Heute behaupten jene Physiker, die die Quantenphysik mit Einsteins Allgemeiner Relativitätstheorie vereinen wollen, dass Raum und Zeit aus unzerlegbaren Brocken bestünden. Demnach kann es keinen Meterstab geben, der eine feinere Unterteilung hat als die so genannte Planck-Länge, und keine Uhr, deren Anzeige Zeiteinheiten zählt, die kürzer sind als die so genannte Planck-Zeit[69]. (Keine Angst, Sie werden auch in Zukunft pünktlich sein können, denn die kleinsten Einheiten von Raum und Zeit sind extremst winzig und werden wohl nie wirklich *gemessen* werden.) Dass die Antwort des fiktiven Computers »Deep Thought« eine Zahl ist – 42 –, ist vielleicht auch eine Anspielung auf die Zählbarkeit des Universums.

Die Annahme, Information sei der Grundstoff des Alls, erklärt also, warum es Quanten gibt. Was keine kleine Erkenntnis wäre: Für den US-Physiker Archibald Wheeler war die Frage »Warum gibt es Quanten?« die zweitwichtigste seiner »wirklich großen Fragen«, gleich nach »Wie kommt es, dass etwas existiert?«

---

68 Vlatko Vedral: Decoding Reality, Oxford University Press, 2010

69 Die Planck-Länge beträgt ca. 10^{-35} Meter und die Planck-Zeit ca. 10^{-44} Sekunden.

Für Vlatko Vedral hat Information ein Alleinstellungsmerkmal unter den physikalischen Größen: Nur sie könne ohne Grund entstehen. Damit könnte ein uraltes Problem der Naturwissenschaften gelöst werden, meint Vedral. Sie hätten noch kein grundlegendes Gesetz gefunden, eine Art Weltformel, das sich aus sich selbst heraus erklärt. Jedes Gesetz besitze wieder irgendeine Ursache, die es zu klären gilt. Das führe zu einer endlosen Kette von Ursache, Ursache der Ursache, Ursache der Ursache der Ursache usw.

»Das Qubit kommt von nirgendwo«, formuliert es Vedral. Es sei keine Vorinformation nötig, damit die Information des Qubits existieren kann. Eine Art Schöpfung aus dem Nichts. Denn ob das Auslesen »0« oder »1« liefert, hängt, wie wir gesehen haben, nur vom Zufall ab.

Schwer begreifliche Phänomene der Quantenphysik werden verständlicher, wenn man sie aus der Perspektive der Information betrachtet. Ein Teilchenpaar, das ein Bit Information miteinander teilt, bleibt verbunden, auch wenn sich die Partner ewig weit voneinander entfernen. Das Bit speichere den Wert »Ja«. Die Frage laute: »Sind die Spins der beiden Partikel parallel?« Wenn nun Bob in Hamburg »Spin-up« misst, dann wird im gleichen Moment Alice in München »Spin-up« messen. Statt ungläubig den Kopf zu schütteln, denkt man bei dieser Darstellung der Verschränkung sofort »Ja, klar!« Verborgene Parameter, also unsichtbare Information in den einzelnen Teilchen, braucht man so nicht zu bemühen. Auch der Zufall wird begreiflicher. Das geteilte Bit ist schon verbraucht für die Information, dass die Spins parallel sind. Es bleibt daher dem Zufall überlassen, *welche* Spinrichtung nun konkret in Hamburg oder München gemessen wird.

Alle Materie – Felsbrocken, Autos, Sonnensysteme oder Galaxien – speichert also Information. Und sie verarbeitet die gespeicherten Daten. Ein Elektron kann *hier* detektiert werden oder *dort*. Das wäre ein Bit an Information. Wenn es sich von hier nach dort bewegt, schaltet das Bit um. Immer wenn Elementarteilchen aneinanderstoßen, wandeln sie die gespeicherten Bits um. Ein gigantischer Datenumschlag. Dies geschieht nach den Gesetzen der Quantenphysik, also auf systematische Weise, ähnlich wie mit einem CNOT-Gatter. Diese Gesetze sind demnach die Software des Universums. Spätestens jetzt hört es sich so an, als sprächen wir über die Natur als einen Quantencomputer.

Dem Studium von Quantencomputern komme daher eine herausragende Bedeutung zu, meint David Deutsch. »Es ist gleichbedeutend mit dem Studium der ganzen Wissenschaft«, sagt der Physiker. »Wenn Sie beweisen, dass ein bestimmtes Muster an Informationsverarbeitung mit einem universellen

Quantencomputer unmöglich ist, haben Sie bewiesen, dass es *nicht passieren kann*«, sagt Deutsch.

»Mit Quantencomputern lässt sich das Universum auf seiner fundamentalsten Ebene verstehen«, sagt auch Seth Lloyd. Deutsch und Lloyd benennen eine vielversprechende Eigenschaft eines digitalen Universums: Es ist berechenbar, kann also begriffen werden.

Für Lloyd gibt es keinen erkennbaren Unterschied zwischen einem Quantencomputer und dem Universum. »Wenn etwas watschelt und quakt wie eine Ente, dann *ist* es eine Ente«, sagt der theoretische Physiker und meint damit: Wenn das Weltall Information speichert und verarbeitet wie ein Quantencomputer, dann *ist* es einer.

Die Rechenkraft von einem Kilogramm Gartenerde

Der Physiker vom Massachusetts Institute of Technology sagt uns auch, wie viel Rechenpower ganz banale Materie hat, etwa Erde auf dem Feld. Ein Laptop wog zu der Zeit, als Lloyd die physikalischen Grenzen der Rechenkraft abschätzte, etwa ein Kilogramm. Deshalb betrachtete er ein Kilogramm gewöhnlicher Materie und nannte es: das ultimative Laptop[70].

Die zur Verfügung stehende Energie bestimmt das Tempo, in dem Information verarbeitet werden kann. Ein energiereiches Elektron reist schneller von hier nach dort und schaltet somit sein Bit schneller um als ein energiearmes.

Das ultimative Laptop nutzt *die gesamte* in einem Kilo Gartenerde steckende Energie, um einzelne Bits zu schalten. Gemäß Einsteins Formel $E = mc^2$ ist das sehr viel Energie, etwa so viel wie bei der Explosion einer Wasserstoffbombe frei wird. Was für ein Gehäuse das ultimative Laptop einmal haben soll, ist deshalb schleierhaft. Jedenfalls ermöglicht diese Energiemenge ein Rechentempo von 10^{51} Operationen pro Sekunde. Es hätte somit eine Taktfrequenz von 100 Giga-Gigahertz. Zum Vergleich: Derzeit basteln Forscher an so genannten Exa-Scale-Supercomputern, den größten Superrechnern der Welt. Diese werden eine Milliarde mal eine Milliarde Rechenoperationen pro Sekunde ausführen. Das ultimative Laptop wäre etwa eine Milliarde Milliarde Milliarde Mal schneller (und würde *keine* ganze Etage füllen). Wenn das Moore'sche Gesetz konstant weiter gelten würde wie bisher, dann würde so ein Laptop Anfang des 23. Jahrhunderts zur Verfügung stehen, rechnete Lloyd 2006 aus.

---

70 Seth Lloyd: Programming the Universe, Vintage Books, 2006

Seine Speicherkapazität würde auch alles bislang Dagewesene in den Schatten stellen. Jedes einzelne Teilchen im ultimativen Laptop speichert Information. Ein Kilo Materie enthält wahnsinnig viele Atome, zig Millionen Mal mehr als Sekunden seit dem Aussterben der Dinosaurier vergangen sind. Diese wiederum bestehen aus Hunderten Elementarteilchen, die alle Information erfassen. Insgesamt kommt man so auf eine Speicherkapazität von 10.000 Milliarden Milliarden Milliarden Bits. Laut Lloyd mehr Information, als 2006 auf allen Festplatten der Welt gespeichert war.

Schon ein Kilogramm des Universums leistet also Unbegreifliches. Lloyd hat die Eckdaten des ultimativen Laptops auf das gesamte beobachtbare Universum hochgerechnet, wobei noch sehr viel unbegreiflichere Zahlen herauskommen (eine Eins mit 122 Nullen für die Anzahl der Operationen pro Sekunde und eine Eins mit 92 Nullen für die Anzahl der Bits, also die Speicherkapazität). Man bedenke nur, dass allein die Erde – ein winziges Staubkorn im All – mehr als eine Milliarde Milliarde Kilogramm schwer ist. Die Rechenkapazität des ultimativen Laptops verglichen mit der des Universums ist wie ein Fliegenschiss gegen das ganze Sonnensystem.

Wozu rechnet ein Mann die Rechenkapazität des Universums aus, möchte man fragen. Nutzen wird man sie eh nie können. Auch das ultimative Laptop ist ein reines Gedankenexperiment. Wie soll man denn bitte die Wucht einer explodierenden Wasserstoffbombenexplosion so weit kontrollieren, dass sie einem etwas Sinnvolles ausrechnet? Auch wenn Wissenschaftler sich ernsthaft überlegen, wie man Schwarze Löcher als Computer einsetzen könnte (siehe Kasten: »Rechnen mit Schwarzen Löchern«): Das Ganze läuft eher unter »Kosmologie« denn unter »Design künftiger Rechnergenerationen«.

Rechnen mit Schwarzen Löchern

Das ultimative Laptop würde ähnlich arbeiten wie das Gehirn, das Information parallel verarbeitet (jede Nervenzelle agiert als eigener Prozessor). Denn die Bits schalten schneller als sie miteinander kommunizieren können. Würde das eine Kilogramm jedoch so weit komprimiert, dass ein Schwarzes Loch entsteht, dann würden die Bits schneller schalten als das Licht für die Durchquerung des Schwarzen Loches bräuchte. Das heißt, dass die Bits während des Rechenvorgangs Information austauschen könnten.

Ein Schwarzes Loch wäre also kein schlechter Computer. Man könnte Materie hineinwerfen, die codierte Information enthält, und das Schwarze Loch rechnen lassen. Das Ergebnis könnte über ein Teilchenpaar hinausgelangen, das spontan am Rand des Schwarzen Lochs entsteht. Eines der verschränkten Teilchen fällt hinein, das andere entkommt. Das hineingefallene Teilchen verschränkt sich wiederum mit der codierten Materie. Diese Menage à trois kann nun das Ergebnis an das freie Teilchen teleportieren. Das Ergebnis wird dadurch ausgelesen.

Wie ein Affe einen Computer programmiert

Deutlich mehr als eine Inspirationsquelle für Science-Fiction-Autoren bringt es dennoch, das Universum als Quantencomputer zu betrachten. Es erklärt nach Seth Lloyds Überzeugung eine große Frage der Wissenschaft: Woher kommt die Komplexität in der Welt? Das menschliche Gehirn ist, soweit wir wissen, das komplexeste Ding im Universum. Für seine von keinem Computer erreichten Leistungen, wie selbstständiges Lernen und Entscheidungstreffen, Wahrnehmung und kreatives Denken, braucht es nur zwei Liter Raum und verbrät kaum mehr elektrische Energie wie eine Energiesparleuchte. Wie dieses Netzwerk aus 100 Milliarden Nervenzellen das anstellt, ist weitgehend unbekannt, obwohl sich ganze Horden von Wissenschaftlern seit Jahrzehnten auf dieses Wunderwerk der Natur stürzen und dabei modernste bildgebende Verfahren einsetzen.

Auch der Tanz von Molekülen, Planeten, Sternen, Galaxien ist ein extrem vielschichtiges und elegantes Geschehen. Um alle Naturerscheinungen auch nur aufzuzählen, die über eine unbegreifliche Komplexität verfügen, bräuchte es wohl noch ein paar Bücher mit einem Umfang von diesem.

An seinem Anfang war das Universum einfach. Weniger als eine Mikrosekunde nach dem Urknall gab es nur eine heiße Suppe aus Elementarteilchen, die überall gleich aussah. Heute stehen wir fasziniert vor einer Welt voller Wunder inmitten eines Weltalls voller weiterer Wunder.

Der blanke, ungerichtete Zufall kann es nicht sein, der all die Komplexität ermöglicht. Das hat schon Douglas Adams in seiner Trilogie angedeutet. Der Held Arthur Dent strandet auf der prähistorischen Erde, wir erinnern uns: dem Computer, der die Frage errechnen soll, deren Antwort »42« ist. Im Beisein affenähnlicher Frühmenschen zieht er blindlings Scrabblebuchstaben aus einem Beutel. Die Idee dahinter: Da er ein Erdling ist, also Teil der Arbeitsmatrix der Erde, könnte die große Frage in sein Unterbewusstsein geprägt sein. Indem er das Zufallsspiel macht, hofft er das Muster aus seinem Kopf zu holen. Tatsächlich kommt ein sinnvoller Satz heraus: »Wie viel ist neun multipliziert mit sechs?« Die Antwort darauf lautet 54. Es handelt sich also um die falsche Frage.

Gut möglich, dass Adams damit auf das »Theorem der endlos tippenden Affen« anspielt. Demnach würde ein Affe, der unendlich lange wahllos auf einer Schreibmaschine herumtippt, irgendwann mal den kompletten »Hamlet« von Shakespeare zu Papier bringen. Nicht aus einer spontanen Inspiration heraus, sondern weil es eine, wenn auch mikroskopische, Wahrscheinlichkeit dafür gibt. Der Faktor Zeit reißt es heraus: Wenn ein hypothetischer langlebiger Jemand eine Million Jahre lang Lotto spielen würde, bekäme er sicherlich mal einen Sechser (geschickter wäre es wohl gewesen, das Geld anzulegen, da Zins und Zinseszins über einen solchen Zeitraum mehr bewirken). Der Affe hätte noch sehr viel mehr Zeit für seinen Zufalls-Hamlet.

Auf ähnliche Weise könnte die Komplexität des Universums durch eine schier unglaubliche Verkettung von Zufällen entstanden sein. Schließlich hatte das All 14 Milliarden Jahre Zeit, alles Mögliche auszuprobieren. Doch die Sache hat einen Haken, wie wiederum der tippende Affe veranschaulicht. Egal wie weit das Tier mit seinem Hamlet kommen mag, womöglich bis zum Beginn des fünften Aktes: Sein nächster Buchstabe ist sehr wahrscheinlich falsch. Die Wahrscheinlichkeit, dass er die Tragödie zu Ende tippt, ist weniger als mikroskopisch gering. Selbst wenn das ganze Universum voller tippender Affen wäre, kämen sie selbst in Milliarden von Jahren nicht zum erwünschten Ergebnis. Sogar diese gewaltige, aber letztlich auch endliche Zeitspanne wäre unzureichend.

Schriftsteller mag es beruhigen, dass aus dem Tierreich keine Konkurrenz droht. Doch das Bild mit dem Affen zeigt, dass »das Leben, das Universum und der ganze Rest« keine statistische Schwankung sein kann. Sonst wäre jeder Sonnenaufgang pures Glück und keine astronomische Gewissheit und das Gelingen des nächsten Atemzugs hinge von der Laune der Atome ab, im nächsten Moment einfach zu kollabieren.

So wie es Arthur Dent zwar erstaunlicherweise gelingt, eine sinnvolle Buchstabenfolge zu ziehen, diese aber nicht die ersehnte Frage ist, kann der Zufall zwar einiges erklären, aber nicht alles.

Statt der Willkür des Zufalls regieren klare physikalische Gesetze das Geschehen im Universum. Doch aus diesen relativ simplen Formeln lässt sich die Komplexität ebenso wenig erklären. Lloyd plädiert daher für eine Art Mischung aus Zufall und Gesetzmäßigkeit. Und damit wären wir wieder bei den Quanten.

Was wäre, wenn der Affe nicht auf einer *Schreibmaschine* tippen würde, sondern auf einem *Laptop*, fragt Lloyd. Das klingt zunächst nach einer technischen Aktualisierung desselben sinnlosen Unterfangens. Für viele mag ein Laptop nur eine bessere Schreibmaschine sein. Es ist aber ein Computer, und der kann Programme ausführen. Der Affe könnte, aus reinem Zufall, ein Programm eintippen, das die erste Millionen Dezimalstellen der Kreiszahl Pi ausrechnet. Dazu müsste er »nur« ein paar Tausend Zeichen in der richtigen Reihenfolge tippen und nicht ein paar Hunderttausend wie beim Hamlet. Ein Computer vergrößert also die Chance, dass der Affe irgendwas Sinnvolles produziert.

Komplexe mathematische Objekte wie Fraktale oder regelmäßige geometrische Formen lassen sich mit erstaunlich kurzen Computerprogrammen erzeugen. Ein blind in die Laptop-Tasten hauender Affe hätte gar keine so schlechte Chance, derartiges zu produzieren! Der Computer funktioniert nach einfachen Regeln, kann aber dank der Zufallsprogrammierung durch den Affen Komplexes erzeugen. Zufallselement und Künstliche Intelligenz verbinden sich zu etwas Fruchtbarem.

Weiter oben haben wir gesehen, dass das Universum ein Quantencomputer sein könnte. Jetzt braucht es noch einen »Affen«, der diesen Weltcomputer mit Zufallsdaten impft und – Abrakadabra – wir haben eine Quelle für all die Komplexität um uns herum!

Eine bessere Quelle für Zufall als die Quantenphysik gibt es nicht, wie wir in den vorhergehenden Kapiteln gelernt haben. Die Heisenberg'sche Unschärferelation gibt eine Bandbreite vor, innerhalb derer eine Größe zufällig schwanken kann. So kann für eine sehr kurze Zeit zum Beispiel Energie aus dem Nichts entstehen, ohne den Energieerhaltungssatz zu verletzen. Solche Quantenfluktuationen seien die »Affen«, die das Universum programmieren, schreibt Lloyd.

In der Tat haben Quantenfluktuationen in der Frühphase des Universums zu Variationen in der Dichte der frühen Materie geführt. Diese wirkten wie eine Saat, aus der sich Galaxien entwickelten. Lächerliche, mikroskopisch kleine Zufallsschwankungen prägten also Strukturen in das All, die sich heute als kolossale Himmelsphänomene wiederfinden.

Bleibt noch die Frage, was dieser Weltall-Computer eigentlich ausrechnet. »Das Universum berechnet sich selbst«, sagt Lloyd. »It from Qubit« (»Es kommt vom Qubit«), drückt es Paola Zizzi von der Universität Padua aus.

Diese Antworten klingen ähnlich unbefriedigend wie »42«. Zu unrecht. Denn was könnte das Universum mehr tun als *das*? Kein anderer Computer hat je etwas annähernd so Faszinierendes, Wunderschönes und Ehrfurchtgebietendes hervorgebracht wie das Universum.

9 Fazit

Max Planck liebte sein eigenes Baby nicht, die Quanten. Ihm schien das althergebrachte Gebäude der Wissenschaft nahezu heilig. Mit dem Quantensprung hat er nicht nur etwas ganz Neues, sondern etwas seiner Ansicht nach höchst Unvernünftiges gefunden. Schließlich weht der Wind auch nicht abgehackt und es springt kein Fluss übergangslos von Normalpegel auf Hochwasser. Die Natur ist stetig und nicht sprunghaft, war Planck überzeugt.

Sogar dem Querdenker Albert Einstein, selbst ein Revoluzzer der Wissenschaft, ging das mit den Quanten zu weit. Er versuchte, die Quantentheorie gegen sich selbst auszuspielen, indem er auf ihre absurd erscheinenden Konsequenzen hinwies. Eine »spukhafte Fernwirkung« und zufällige Messergebnisse ohne sichtbaren Grund: Da konnte doch etwas nicht stimmen! Da musste doch etwas fehlen!

Was im letzten Jahrhundert philosophische Debatten auslöste, etwa darüber, ob sich Teilchen wirklich über Lichtjahre hinweg ohne Zeitverzug beeinflussen können oder ob sie nicht doch irgendwie vorher schon »programmiert« wurden, was damals also reine Glaubensfragen waren, das wird heute zur Technik!

Aus Philosophie wird Technologie

Der Mensch fühlt sich nicht mehr unwohl mit Phänomenen, die seiner Alltagserfahrung Hohn sprechen. Er spielt mit der Verrücktheit der Quantenwelt, probiert aus, wozu sie nützt, und macht Produkte und Profit daraus.

In Festplatten, Smartphones und Hirnscannern steckt Quantenphysik. In schwer zu knackenden Kommunikationssystemen, wie sie von Regierungen oder Banken schon genutzt werden, steckt sie ebenfalls. Forscher entwickeln hyperempfindliche Lagesensoren für künftige Navigationssysteme oder schluckbare, mikroskopisch kleine Magnetfeldsensoren, die im

Körperinnern mit bislang ungekannter Präzision Daten für diagnostische Zwecke sammeln sollen.

Den größten Impact könnte eine bislang nur als Laborprototyp existierende Quantentechnik haben: der Quantencomputer. In den 1980er Jahren diente die Idee des Quantencomputers dem Physik-Nobelpreisträger Richard Feynman noch als ein Vehikel für die eher philosophische Frage nach der Berechenbarkeit des Universums.

Doch gut zehn Jahre später änderte der US-amerikanische Mathematiker Peter Shor das radikal: Sein Algorithmus zur Zerlegung von Zahlen in ihre Primfaktoren machte aus dem akademischen Konzept plötzlich ein Damoklesschwert für die Informationsgesellschaft. Denn er liefert den Schlüssel zu mehreren gängigen Verschlüsselungsverfahren, allen voran dem tagtäglich milliardenfach genutzten RSA-Verfahren, das Online-Geschäfte oder digitale Signaturen schützt.

Ähnlich wie in Friedrich Dürrenmatts Komödie »Die Physiker« stellt sich die Frage, warum weltweit die Entwicklung des Quantencomputers vorangetrieben wird, wenn er eine solche Gefahr für die Datensicherheit, immerhin die Vertrauensgrundlage der digitalen Welt, darstellt. Handeln die Physiker verantwortungslos? Sollten sie die Welt nicht mit dieser destruktiven Idee verschonen?

Risiko Quantencomputer?

In diesem Buch bin ich der Frage nachgegangen, welchen Nutzen ein solcher Quantencomputer in die Waagschale werfen kann, um dieses Risiko aufzuwiegen. Drei Punkte sind hier essenziell.

Erstens, dass der Quantencomputer gar nicht die Riesenbedrohung ist, als die er landläufig gilt. Denn es gibt Verschlüsselungsverfahren, für die es keinen Quantenalgorithmus gibt, z. B. so genannte gitterbasierte Kryptographie. Zwar könnten doch noch Quantenalgorithmen zum Knacken dieser Ersatzmethoden entdeckt werden. Denn sobald ein praxistauglicher Quantencomputer existiert, wird es mehr Quanten-Softwareentwickler geben, die immer neue Entdeckungen machen werden. Aber genauso gut könnte morgen ein Mathematiker ein Verfahren vorstellen, das RSA auch mit einem klassischen Verfahren aushebelt. Datensicherheit ist *immer* vorläufig und zeitlich begrenzt. Der Quantencomputer macht lediglich auf diesen Umstand aufmerksam.

Man kann die bloße Möglichkeit eines Quantencomputers somit als einen Ansporn für Mathematiker und Informatiker begreifen, neue Verschlüsselungsverfahren für die Informationsgesellschaft zu entwickeln. Die Internetsicherheit wäre dann breiter aufgestellt und entsprechend stabiler. In der Tat gibt es bereits das Feld der Post-Quantum-Cryptography, zu deutsch etwa: Nach-Quanten-Kryptographie, in dem Forscher genau das tun. Hier gibt es eine Chance für deutsche Forscher, da unserem Land weltweit hohe Kompetenz in Fragen der Datensicherheit zugesprochen wird. Auch in der Quantenphysik sind wir gut aufgestellt.

Zweitens haben Quantencomputer das Potenzial der Informationstechnik, Siebenmeilenstiefel anzuziehen. Es gibt im Rahmen der klassischen Physik einfach keine Möglichkeit, auf kleinstem Raum, sprich mit einigen Tausend Atomen, Ionen oder anderen Quantenobjekten, eine Unzahl von möglichen Lösungswegen simultan zu testen. Der Haken dabei ist, wie wir gesehen haben, dass das Quantenorchester schwierig zu dirigieren ist. Der Quantencomputer rechnet zwar mit dem »Vielleicht«, am Ende muss er jedoch »Ja« oder »Nein« sagen. Von allein findet er nicht zur richtigen Antwort, er muss mithilfe ausgefeilter Rechenrezepte gesteuert werden.

Zwar stockt die »Softwareentwicklung« für diese neue, aber noch nicht verwirklichte Art von Computer. Es gibt noch wenige praxisrelevante Rechenrezepte für Quantencomputer, die eine deutliche Beschleunigung gegenüber klassischen Rechnern liefern. Doch ist es nach Expertenmeinung eine Frage der Zeit, bis mehr Lösungen entwickelt werden, die eine ähnliche Praxisrelevanz haben wie die Algorithmen von Shor oder von Lov Grover. Von beschleunigter Datenanalyse über schnelleres maschinelles Lernen, von der Lösung höchst komplexer Optimierungsaufgaben bis zu abhörsicherem Cloud-Computing liegt alles im Bereich des Möglichen. Sein Anwendungsprofil wird der Quantencomputer erst noch finden. Angesichts der Chancen wäre es töricht, ihn nur als Gefahr zu begreifen.

Drittens, und das ist der vielleicht wichtigste Punkt: Quantencomputer sind eine Erkenntnismaschine, ein Werkzeug für die Jahrtausende alte Neugier des Menschen, ohne die es das meiste, was Sie bei einem Blick in Ihr Wohnzimmer sehen, die Stereoanlage, die LED-Leuchte, den Plasmabildschirm, nicht geben würde. Ohne die es auch das Bewusstsein, auf einem kugelförmigen, höchst verletzlichen Staubkorn in den wunderbaren, aber lebensfeindlichen Weiten eines gigantischen Alls zu leben, nicht geben würde.

Auf dem Weg zur Erkenntnismaschine

Alle Quantenphysiker, mit denen ich gesprochen habe, geben den »Quantensimulator« als eine wichtige Anwendung an. Damit beziehen sie sich wieder auf die Anfänge: die Frage Feynmans, wie sich physikalische Systeme berechnen lassen. Um so praxisrelevante Dinge wie Supraleiter, nanotechnologische Geräte oder neuartige Solarzellen zu verstehen, muss man sie von ihren Bausteinen her verstehen, den Atomen also, den Elektronen, Ionen, Molekülen oder Nanopartikeln. Um deren kollektives Verhalten zu berechnen, muss jeder klassische Rechner mit Näherungen arbeiten, weil die Quanten wegen der vielen parallelen Möglichkeiten sonst einen unüberwindlichen Rechenaufwand verursachen. Bei den Näherungsverfahren entstehen Fehler, welche das Verständnis behindern.

Ein Quantencomputer hingegen ist dafür *gebaut*, die vielen Wege simultan zu gehen, er erledigt die Berechnung eines Quantensystems sozusagen im Schlaf. Er könnte eine Art Stein der Weisen sein, der hilft, aus den naturgegebenen atomaren Bausteinen neue Materialien mit übernatürlich anmutenden Eigenschaften zu entwerfen, wie etwa Supraleiter, die Strom bei Normaltemperatur ohne Verluste leiten, oder federleichte, aber extrem widerstandsfähige Werkstoffe.

Schließlich könnte der Quantencomputer entscheidend dabei helfen, das Universum zu verstehen. Denn letztlich sei dieses selbst nichts anderes als ein gigantischer, seit Milliarden von Jahren arbeitender Quantencomputer, meinen einige Koryphäen unter den Quantenphysikern. Alles um uns ist demnach Ergebnis dieser »Berechnung«. Ein faszinierender Gedanke, auch wenn er an die beklemmende Vision der *Matrix*-Trilogie erinnert, in der die vertraute Welt als Simulation entlarvt wird, von Maschinen programmiert, um die Menschheit als Energiequelle zu missbrauchen. Für Physiker indessen wäre das ein Hinweis darauf, dass sich das Universum berechnen, also verstehen lässt. Am besten per Quantencomputer, versteht sich.

Verantwortungslos handeln die Entwickler des Quantencomputers also nicht. Man kann ihnen höchstens vorwerfen, sie verfolgten ein Hirngespinst, sie wollten eine Maschine bauen, die nur in einer idealen Welt funktionieren würde. Einige erfahrene und sehr gescheite Physiker tun genau das. In der Tat stellt die Verwirklichung einer solchen Rechenmaschine bislang ungeahnte Anforderungen an die Wissenschaft und die Ingenieurskunst. Es gilt, ein höchst komplexes Wechselspiel unter äußerst empfindlichen Teilchen unter Kontrolle zu halten. Die Quantenwissenschaftler kämpfen mit einem der schnellsten und effizientesten Störprozesse überhaupt: der Dekohärenz.

Babysteps und große Hürden

Doch Parallelen in der Technikgeschichte zeigen, wie aus akademischen Themen weltumwälzende Technologien wurden, indem Forscher und Ingenieure ihre gesamte Kreativität, ihr gesamtes Wissen und ihre Fähigkeiten einsetzten. Wir haben das exemplarisch an der Entwicklung der Funktechnik, von Heinrich Hertz' akademischen Versuchen bis hin zu einem Rückgrat der heutigen Informationsgesellschaft, dem Mobilfunk, durchexerziert.

Der Weg zum Quantencomputer besteht aus einer langen Reihe von Babysteps, von denen jeder einzelne eine Herausforderung für sich darstellt. In den letzten 20 Jahren haben Forscher Hürden genommen, die zuvor oft als unüberwindbar galten. Vor allem konnten sie die Dekohärenz ein ganzes Stück weit zähmen, und es gelang ihnen, Fehlerkorrekturverfahren umzusetzen. Sie kratzen heute an der Schwelle zum so genannten fehlertoleranten Quantenrechnen, d. h., sie drücken die Fehlerrate fast schon so weit herunter, dass die Korrekturverfahren mit dem Rest an Fehlern klarkommen.

Nach wie vor allerdings mangelt es noch an Grundsätzlichem: Bislang gibt es keinen Durchbruch zu einem skalierbaren Quantenrechner. Es gibt noch keine Analogie zur Entdeckung des Transistors in den 1940er Jahren bei der Entwicklung des klassischen Computers. Die Frage, ob es so etwas wie einen Transistor für den Quantencomputer, also ein beliebig oft kopierbares Grundelement, gibt, ist noch offen.

Doch Forschung wäre ja schließlich langweilig, wenn man immer schon vorher wüsste, was möglich ist und was nicht.

Danksagung

Ein Buch über Quantentechnik kann nicht entstehen ohne ein Vielzahl von Gesprächen mit führenden Forschern. Freilich haben die meisten Forscher Interesse an Gesprächen mit Journalisten, denn Zeitungsartikel lassen sich als Beleg der Wichtigkeit der eigenen Forschung gegenüber Geldgebern nutzen.

Der Auftritt im Sachbuch eines Autors, der nicht Peter Scholl-Latour oder Ranga Yogeshwar heißt, ist da deutlich weniger gewinnbringend. Trotzdem haben sich viele Physiker bereitgefunden, geduldig die Fragen des Autors zu ertragen und zu beantworten. Dafür danke ich (in alphabetischer Reihenfolge).[71] Scott Aaronson (Massachusetts Institute of Technology, kurz MIT, Cambridge), Markus Aspelmeyer (Uni Wien), Rainer Blatt (Uni Innsbruck), Johannes Buchmann (TU Darmstadt), Tommaso Callarco (Uni Ulm), David DiVinceno (Forschungszentrum Jülich), Edward Farhi (MIT), Christian Flatz (Pressereferent, Uni Innsbruck), Susana Huelga (Uni Ulm), Seth Lloyd (MIT), Vadim Marakov (Uni Waterloo, Kanada), Thomas Monz (Uni Innsbruck), Thomas Neuhaus (Forschungszentrum Jülich), Tilman Pfau (Uni Stuttgart), Martin Plenio (Uni Ulm), Peter Shor (MIT), Matthias Troyer (ETH Zürich), Thomas Walther (TU Darmstadt), Jörg Wrachtrup (Uni Stuttgart), Anton Zeilinger (Uni Wien).

Darüber hinaus danke ich Michael Barabas vom dpunkt.verlag in Heidelberg, nicht nur für sein Interesse am Thema, sondern auch für das parallel zum Schreiben erfolgte Lektorat. Ohne seine Kritik hätte ich mich wohl an der einen oder anderen Stelle verzettelt. Miriam Metsch, Vanessa Wittmer und Susanne Rudi danke ich für die kreative Zusammenarbeit bei der Herstellung des Buches.

71 Dass es sich bis auf eine Ausnahme um Männer handelt, liegt nicht an meinen Auswahlkriterien für Interviewpartner. Vielleicht sollte mal jemand analysieren, warum Quantenphysik eher eine Männerdomäne zu sein scheint (niemand kann sich darauf hinausreden, Quantenphysiker seien Männer und Frauen gleichzeitig).

Index

A

Aaronson, Scott 107
Alan Turing 124
Amplitude 39
Analogcomputer 140
Anton Zeilinger 134
Atome in optischen Gittern 108
Atomlaser 35

B

BB84 63
Bit 43
Blindes Quantenrechnen 137
Blind quantum computing 137
Bloch, Immanuel 140
Blochkugel 44, 93, 96, 128

C

Cirac, Ignacio 103
CNOT-Gatter 96

D

Definition »Quantencomputer« 11
Dekohärenz 47, 67, 111, 113, 146, 170
Deutsch, David 103, 156
Diamanten-basierter Quantencomputer 109
Dualzahlen 43
D-Wave System 12, 78, 108, 135

E

Einstein, Albert 41, 167
Einweg-Quantencomputer 119, 137

F

Faktorisierungsproblem 130
Fehlerkorrektur 116
Fehlerkorrekturverfahren 116, 171
Fehlertolerantes Quantenrechnen 171
Fehlertoleranzschwelle 116
Feynman, Richard 103, 141, 168
Flash-Speicher 77

G

Gefangene Ionen 108
Gequetschtes Licht 109
Graphen 141
Grover-Algorithmus 105, 126
Grover, Lov 105, 169

H

Hadamard-Gatter 93, 128
Halteproblem 124
Heisenberg'sche Unschärferelation 42, 164
Heisenberg, Werner 8
Hertz, Heinrich 171
Higgs-Boson 142
Hochtemperatursupraleiter 141

I
ID Quantique 59, 68
Interferenz 31

J
Josephson-Kontakte 108

K
klassische Physik 6
Kohärenzzeit 48, 114
Kryptographie, gitterbasierte 168

L
Lloyd, Seth 104, 148, 156
Lockheed Martin 12
Logikgattern 90
Lov Grover 127

M
Magnetoenzephalographie 75
Magnetokardiographie 75
Martinis, John 12
Materiewelle 33
Materiewellen 147
Moore'sches Gesetz 9, 141

N
Neumann, John von 88
NMR-Quantencomputer 108
NSA 5, 10, 58, 123

O
One-Time-Pad 57

P
Peter Shor 124
Phase 44
Phasengatter 96
Photonen 7, 54, 61, 94, 106, 120, 122, 137, 147
Photonische Quantencomputer 108
Planck-Länge 158
Planck, Max 6, 167
Planck-Zeit 158
Polarisation 61
Post-Quantum-Cryptography 169
Problem des Handlungsreisenden 14, 80, 124

Q
QKD 58
Quanten 6
Quantenalgorithmus 168
Quantenbit 43
Quantencloud 17, 123
Quantencomputer 78
Quantenfluktuation 164
Quantengatter 95
Quantenhacker 68
Quanteninformation 43, 62, 98
Quanteninterferenz 148
Quanteninternet 138
Quantenkryptographie 11, 12, 64, 65, 137
Quantenparallelismus 97
Quantenphysik 8
Quantenpunkte (Quantendots) 108
Quantenregister 92, 125
Quantenrepeater 52, 66, 143
Quantenschlüsselaustausch 58
Quantensimulator 17, 139, 170
Quanten-Speedup 81
Quantentechnologie 8, 48, 77, 85
Quanten-Teleportation 52
Quantenzufallsgenerator 41, 71
Quantum Annealing 81

Quantum key distribution 58
Quantum-Walk 148
Qubit 43
Quintessence 71
Quoogle 138

R

Raumtemperatursupraleiter 142
RSA 13, 64, 69, 79, 99, 100, 131

S

Schrödinger, Erwin 8, 36, 44
Schrödingers Katze 44
Shor-Algorithmus 79, 101, 104
Shor, Peter 79, 101, 168
Shtetl-Optimized 107
Snowden, Edward 58
SQUID 73
Superconducting Quantum Interference Device 73
Superposition 42, 63, 128, 146
Supraleitende Quanteninterferenzeinheit 73
Supraleitende Qubits 108

T

Teleportation 51
Theorem der endlos tippenden Affen 163
Topologischer Quantencomputer 120
Transistor 9, 43, 110, 171
Trusted Nodes 67
Tunneleffekt 12, 55
Turing, Alan 19, 88
Turing-Maschine 88

U

Ultimativer Laptop 160
UND-Gatter 90

V

Vedral, Vlatko 156
Verschlüsselungstechnik RSA 5
Verschränkung 49, 96, 130, 146, 153
Von-Neumann-Architektur 88
Von-Neumann-Rechner 124

W

Welcher-Weg-Information 47
Wellenfunktion 36, 73, 94
Welle-Teilchen-Dualismus 33, 96
Wineland, David 103

X

XOR-Gatter 91

Z

Zeilinger, Anton 16, 30, 48, 52, 156
Zeitreisende Qubits 121
Zoller, Peter 103
Zuse, Konrad 10, 88, 109, 156